徐州工程学院学术著作出版资金资助项目
江苏高校哲学社会科学研究项目(2022SJYB1216)

雾霾污染的空间特征及协同治理博弈研究

郑凌霄　著

中国矿业大学出版社
·徐州·

图书在版编目(CIP)数据

雾霾污染的空间特征及协同治理博弈研究 / 郑凌霄
著. —徐州：中国矿业大学出版社，2022.12
ISBN 978 - 7 - 5646 - 5320 - 0

Ⅰ.①雾…　Ⅱ.①郑…　Ⅲ.①空气污染－污染防治－
－研究－中国　Ⅳ.①X51

中国版本图书馆 CIP 数据核字(2022)第 039989 号

书　　名	雾霾污染的空间特征及协同治理博弈研究
著　　者	郑凌霄
责任编辑	仓小金
出版发行	中国矿业大学出版社有限责任公司
	(江苏省徐州市解放南路　邮编 221008)
营销热线	(0516)83884103　83885105
出版服务	(0516)83995789　83884920
网　　址	http://www.cumtp.com　E-mail:cumtpvip@cumtp.com
印　　刷	徐州中矿大印发科技有限公司
开　　本	787 mm×1092 mm　1/16　印张 8.25　字数 211 千字
版次印次	2022 年 12 月第 1 版　2022 年 12 月第 1 次印刷
定　　价	48.00 元

(图书出现印装质量问题,本社负责调换)

前　言

随着经济社会的高速发展以及工业化进程的不断推进,我国新型城镇化建设取得了显著的成效,人们的生活水平得到不断的提升,生活方式也发生了极大的变化。与此同时,也产生了很多的环境问题。能源消费的数量以几何级数的形式激增,跃居世界首位。随着居民购买能力的提升,能源消费结构也发生了变化,过去提到环境污染,主要指的是工业生产所带来的工业污染,但是现在的环境污染形式日益多样化,变成了由工业污染、机动车尾气污染和居民日常生活污染组成的复合型污染。从2012年冬天开始,全国各地频发的雾霾污染,不仅大大降低了空气能见度,而且携带了大量的细菌和病毒,极大地影响着人们的身体健康,由此也雾霾污染成为了政府和社会公众密切关注的热点问题。我国是全球雾霾污染的"重灾区",治理雾霾污染是当前一项刻不容缓的任务,而雾霾污染所具有的复合型、空间溢出性的特点又在一定程度上加大了治理的难度,这就使得雾霾污染的治理成为一个复杂漫长的过程,需要各级政府、企业、公众等多元主体的共同努力。

本书基于相关文献及理论,对雾霾污染的空间特征进行了研究,构建了雾霾污染协同治理机制的理论分析框架,这是书中进行雾霾污染协同治理分析的前提条件。只有充分认识到相邻地区的雾霾污染存在空间的溢出性、关联性,才能使各地政府有进行跨域合作的动因。其次,在充分认识到雾霾污染存在空间关联非线性、动态演变特点的前提下,建立空间杜宾模型实证研究了雾霾污染的空间溢出效应。同时,在当前中央政府对雾霾污染治理高度重视的形势下,书中重点研究了地方政府环境规制政策对当地雾霾污染治理到底产生了多大的影响? 某个地方的环境规制政策是否会对相邻地区的雾霾污染治理产生影响? 引起雾霾污染的关键影响因素有哪些? 最后,基于跨域理论运用博弈方法,研究不同情形下区域联盟内相邻地方政府在雾霾治理过程中的博弈行为,并进行模拟仿真;基于利益相关者理论,研究地方政府和排污企业两个主体在雾霾污染协同治理中的行为策略选择及其影响因素,以提高排污企业在雾霾治理过程中的积极性;进而将研究对象扩展到地方政府、企业和公众三个主体,进一步研究三个有限理性主体在参与雾霾污染协同治理工作的协同收益与支付的治理成本,以期为能够更好地为进行雾霾协同治理工作提供好的建议。

本书主要研究内容和结论如下:

第一,构建了雾霾污染协同治理机制的理论框架。对雾霾污染研究的文献及相关理论进行了阐述,指出由于雾霾的高区域性、高流动性的特点,使得其治理难度进一步加大,必须打破原有行政区划的制度安排,重塑利益格局,有效推进地方政府间雾霾污染合作治理,因此构建横向跨域协同治理理论;同时,雾霾污染本身存在的公共性、外部性特点,其治理涉及政府、企业、社会公众等多元主体利益,因此,基于利益相关者理论,对雾霾污染治理主体的利益共同点及利益冲突进行了分析,构建了纵向多主体协同治理理论。因此,为切实提高雾霾污染协同治理效果,基于跨域治理和协同治理视角,本书提出了横向跨区域协同和纵向利益相关者协同相结合的网格化治理模式,从横向和纵向两个方面研究雾霾污染协同治理问题,形成了本书研究的理论分析框架。

第二,中国雾霾污染的空间特点分析。首先对中国雾霾污染的基本态势进行了描述性的统计分析,指出我国的雾霾污染整体上呈现出显著的空间分异性特点,并从年度、季度、月度三个时间尺度对2014年后的雾霾污染的现状进行重点分析。然后应用探索性空间数据分析方法,创建了空间邻接矩阵、反距离矩阵、经济距离权重矩阵,对我国省域雾霾污染的空间相关性进行了统计检验。根据全局莫兰指数、局部莫兰指数、莫兰散点图的分析结果,分析探讨我国雾霾污染的空间布局、空间集聚性特点。从全局来看,不管是空间邻接矩阵(0—1矩阵)还是反距离矩阵或者是经济距离权重矩阵,雾霾污染的全局莫兰指数都通过了1%的显著性水平检验,这充分说明了我国雾霾污染存在显著的空间相关性;从局部来看,我国80%以上的省市都处于莫兰散点图的第一、三象限,说明大多数地区都是空间正相关,只有很少比例的省份处于第二、第四象限。山西、陕西、湖南等省份会有所变动,其他绝大部分省份变动情况较少,因而这进一步说明全国各省市的雾霾浓度也存在明显的空间相关性,而且从长期来看,具有稳定性。

第三,中国雾霾污染空间溢出效应分析。本部分采用2000—2017年中国31个省市自治区的数据,建立空间计量模型,对中国雾霾污染的空间溢出效应进行全样本、区域异质性、时间异质性分析。子样本分析中分别按照我国东部地区、中部地区、西部地区进行区域异质性分组,按我国2000—2012年和2013—2017年进行时间异质性分组。从全国来看,环境规制系数显著为负,环境规制水平越高，对雾霾污染的抑制效果越好，但环境规制的空间滞后项虽然也为负，却不显著，影响效果可以忽略，这说明环境规制的空间溢出效应没有发挥作用，地方政府加强环境规制，对周边地区的雾霾污染没有起到很好的抑制作用；从经济发展水平来看，人均 GDP 与雾霾污染之间存在显著的 U 形关系，环境库兹涅茨曲线在我国还没有出现；第三产业比重提高，没有显著降低雾霾污染的水平；人口密度的加大，城镇化水平的提高，以加大道路长度为目标的交通基础设施的投入都可能会引起雾霾污染问题；对外开放水平的提高，并不一定会使得雾霾污染水平程度加深。从时间分布来看，2000—2012 年期间，环境规制的影响效应较为显著，有效地抑制了雾霾污染；但 2013—2017 年期间，环境规制的影响效应不显著。分区域来看，东部地区环境规制水平最高，中部地区次之，西部地区最弱，而环境规制对东部、中部地区抑制作用明显，对于西部地区呈现出不显著的正向促进作用。

第四，地方政府间雾霾污染跨域协同治理的博弈研究。基于雾霾污染的跨域联合治理，采用微分博弈方法，根据区域联盟内雾霾污染治理时的不同情况，提出了三种情形，分别为区域联盟内某地雾霾污染事件的发生，仅对雾霾发生地政府的政治成本产生影响，对另一地政府没有影响；区域联盟内某地雾霾污染事件的发生，不仅对雾霾发生地政府的政治成本产生影响，对另一地政府也会带来政治成本损失；引入监督、考核、惩罚机制，分别建立微分博弈模型，并两两对比分析。发现各地方政府雾霾治理的努力程度都与自己支付的治理成本呈负相关关系；通过对第一种情形和第二种情形进行对比，发现第二种情形下各治霾主体的努力程度都小于第一种情形下各治霾主体的努力程度，这意味着各治霾主体在协同治霾过程中存在"搭便车"现象；通过对第二种情形和第三种情形的对比，发现第三种情形下各治霾主体的努力程度都大于第二种情形下各治霾主体的努力程度，这意味着引入监督、考核、惩罚机制后，可以提高治霾主体的积极性，提高治霾协同收益。

第五，地方政府与企业雾霾污染协同治理的博弈研究。基于"企业追求经济利润最大化、积极主动治理雾霾的主观能动性差、过度依赖政府力量"的现实背景，对地方政府和排污企业两个主体之间的博弈进行分析，结果发现在雾霾污染协同治理过程中，地方政府和排污企业两个主体的长期演化稳定策略会受到企业治理成本、获得的协同收益之间的关系及地方政府协同收益与惩罚力度之间的关系影响。

第六，地方政府、企业及公众雾霾污染协同治理的演化博弈研究。通过对雾霾污染治理中地方政府、企业和公众三方主体，基于有限理性而采取的不同策略和行动，构建三方主体共治的博弈模型，分析了不同主体在长期反复的博弈中不断调整的策略，最终形成（公众积极参与、企业减排达标、地方政府严格监督）的理想策略。通过对单种群纯策略、混合策略均衡稳定性的分析，得出以下结论：单种群纯策略的均衡稳定性不仅与影响各个主体自身策略的因素有关，而且还会受到其他主体策略选择的影响；在三方共治的雾霾污染治理情景中，不管最初地方政府是否监管，企业是否减排达标，只要公众愿意积极参与治理行动，此时三方主体将全部参与到雾霾污染治理行动中，进而雾霾污染治理将会得到显著改善，进入稳定和良性循环状态；反之，当系统处于不良情景下，如果没有地方政府的积极引导或支持，企业或者公众都不会有参与雾霾污染治理的动力，从而系统会处于恶性循环状态，最终雾霾污染治理将陷入"公地悲剧"的状态。在三方主体以一定的概率参与雾霾污染治理的情景下，通过分析影响各主体决策参数的敏感度，我们发现企业与地方政府在进行策略选择时，他们的行动方向具有一致性，因此只要地方政府与企业联合起来，通过对公众进行有效引导，保障公众参与雾霾污染治理的切身利益，鼓励公众行使第三方监管权力，就可以最终形成三方共治的良好状态。

本书在编写过程中得到了徐州工程学院商学院、中国矿业大学经济管理学院一些老师的大力帮助，他们提出了许多极为宝贵的建议，作者在此向他们致以由衷的谢意！本专著得到了徐州工程学院学术著作出版资金资助，也得到了徐州工程学院商学院的支持，亦在此表示感谢。

由于作者时间和水平所限，书中不当之处在所难免，敬请读者批评指正！

著　　者

2022.1

目　　录

1 绪 论

1.1 研究背景

随着经济社会的高速发展、工业化进程的不断推进,我国新型城镇化建设取得了显著的成效,人们的生活水平得到不断的提升,生活方式也发生了极大的变化。与此同时,也产生了很多的环境问题。能源消费的数量以几何级数的形式激增,跃居世界首位。随着居民购买能力的提升,能源消费结构也发生了变化,过去提到环境污染,主要指的是工业生产所带来的工业污染,但是现在的环境污染形式日益多样化,变成了由工业污染、机动车尾气污染和居民日常生活污染组合而成的复合型污染,治理起来非常困难[1-2]。从 2012 年冬天开始,我国的空气质量不断恶化,全国大多数城市都出现了严重的雾霾污染,其主要成分为悬浮颗粒物。由于这些颗粒物在空气中悬浮的时间较长,且具有长距离运输的特点,再加上大气环流及大气化学的作用,覆盖范围较广,几乎没有一个城市能够免受雾霾污染的影响,相邻城市间雾霾污染的相互影响非常明显,因此,我国的雾霾污染还呈现出区域性污染的特点。雾霾污染的出现不仅大大降低了空气能见度,而且携带了大量的细菌和病毒[3]。研究表明,当悬浮颗粒物的直径较小的时候,就可能会进入人体呼吸系统,甚至穿透肺泡进入人体的血液循环系统中,极大地影响着人们的身体健康,由此也成为了政府和社会公众密切关注的热点问题[4]。国际权威医学杂志《柳叶刀》指出,对人类健康带来威胁的因素中雾霾排第八位,在我国排名第四位,如果不能采取有效的措施来控制雾霾污染,空气质量将持续恶化,到 2050 年大气污染将会成为环境问题中导致疾病的最主要的原因[5]。我国是全球雾霾污染的"重灾区",治理雾霾污染是当前一项刻不容缓的任务,而雾霾污染所具有的复合型、区域性的特点又在一定程度上加大了治理的难度,这就使得雾霾污染的治理成为一个复杂漫长的过程,需要各级政府、社会、公众等多元主体的共同努力[6]。

2020 年是我国"十三五"规划的收官之年,由于新冠疫情的影响,我国一季度消费、工业生产等领域受到了很大的影响,但自恢复生产以来,我国社会经济发展继续呈现稳中向好的发展势头,但是环境污染尤其是雾霾污染问题仍然是党中央及全国人民持续关注的热点问题,由雾霾污染导致的社会经济损失及公众健康损失使得经济发展的成果大打折扣,捍卫"蓝天白云"的环保战役早已经纳入我国走向民族复兴的治国策略中[7]。其实,我国政府早就已经意识到雾霾污染具有复合型和区域性的特点,为此出台了一系列的政策。2010 年 5月国务院发布了《关于推进大气污染联防联控工作改善区域空气质量的指导意见》(国办发〔2010〕33 号),指出要借鉴国内外大气污染治理的成功经验,采取区域联防联控措施来解决区域大气污染问题。接着国务院在 2013 年 9 月出台了《大气污染防治行动计划》(国发〔2013〕37 号),该计划明确要求,到 2017 年,全国地级及以上城市可吸入颗粒物浓度与 2012

年相比将下降 10％以上,京津冀、长三角、珠三角等区域细颗粒物浓度要分别下降 25％、20％、15％左右。随后 2014 年国务院发布了《大气污染防治行动计划实施情况考核办法(试行)》,对各省市空气质量改善情况和大气污染防治重点任务完成情况提出具体的考核指标。2016 年 1 月 1 日起开始实施新修订的《中华人民共和国大气污染防治法》,针对当前大气污染防治中的突出问题做出新的规定,特别是对如何落实重点区域联防联治的问题提出明确要求。2018 年 6 月,国务院公开发布了《打赢蓝天保卫战三年行动计划》,在其制定的目标任务中明确指出,经过 3 年的努力,要大幅减少主要大气污染物排放总量,进一步强化区域联防联控,有效应对重污染天气。为全面落实该行动计划,2019 年生态环境部又制定了《2019 年全国大气污染防治工作要点》,强调要扎实做好 2019 年度大气污染防治工作,扎实推进京津冀、长三角、汾渭平原等重点区域联防联控工作,研究制定相关的规章制度,完善区域联防联控工作机制。这一系列的举措表明中央政府对大气污染防治工作的高度重视,尤其是"十八大"以来,我国政府把打赢蓝天保卫战作为打好污染防治攻坚战作为重中之重,指出要打破行政区域界线,加强区域间的合作,环境空气质量总体上得到了改善,但与世界卫生组织规定的水平还有一定的差距,雾霾污染形势依然严峻[8]。

雾霾治理是一项系统的工程,在全面实施雾霾治理的过程中,需要多方的共同努力。因此,在目前宏观经济稳中求进的发展态势下,如何加强多元主体在雾霾污染治理中的协同合作,在世界经济新格局中实现经济增长和环境保护的"双赢"发展,提出契合我国国情发展的雾霾污染治理对策对我国宏观经济发展具有很重要的意义[9]。

同时,先期实践经验也告诉我们,治理跨域雾霾污染的有效方法在于协同治理。因此,如何立足理论高度,着手建立基于跨域合作的全面有效的协同治理机制,才是问题的核心突破所在。跨域雾霾污染协同治理的任务是要达到控制复合型雾霾污染、改善空气质量、共享治理成果的目的。我国严重的雾霾污染,将反向催生整个社会的治理水平提高,起到助益支持作用。

1.2 研究意义

1.2.1 理论意义

雾霾污染问题已经成为区域性问题,一方面雾霾污染主要集中在环境污染比较严重的城市,另一方面雾霾污染物会随着地势以及季节性风向的影响对周边城市散播继而发生溢出效应,而雾霾污染的空间溢出效应会对区域内的空气环境产生非常大的影响。这就意味着只靠一城一地的雾霾治理是难以奏效的,需要加强地方政府间的横向跨域协同合作。同时,雾霾污染治理过程中会涉及各级政府、企业、社会公众等多元主体间的利益,要根据协同治理思想,制定协同规则,加强多元主体之间的纵向跨域协作。

本书首先对于雾霾污染的空间相关性进行了研究,这是为后文进行雾霾污染跨域协同治理分析的前提条件。只有充分认识到相邻地区的雾霾污染存在空间的溢出性、关联性,才能使多元主体有进行跨域合作的动因。基于地理空间权重矩阵、经济地理空间权重矩阵、地理与经济距离的嵌套权重矩阵,运用探索性空间数据分析方法对我国 31 个省市雾霾污染的空间性进行了分析,指出我国雾霾污染存在大范围的空间关联特征。

其次,在充分认识到雾霾污染存在空间关联非线性、动态演变特点的前提下,建立空间杜宾模型实证研究了雾霾污染的空间溢出效应。在当前中央政府对雾霾污染治理高度重视的形势下，重点研究地方政府环境规制政策对当地雾霾污染治理到底产生了多大的影响？某个地方的环境规制政策是否会对相邻地区的雾霾污染治理产生影响？区域雾霾污染治理应该采取什么样的措施？针对雾霾污染的特点，采用空间计量经济学的方法来研究雾霾污染，不仅丰富了雾霾污染的研究，也为空间计量经济学增添了新的内容。

最后，基于多主体研究雾霾污染治理问题，运用演化博弈方法，研究相邻区域政府在雾霾治理过程中的博弈行为，分析其演进过程及演进结果；然后将研究对象扩展到中央政府、地方政府和公众三个主体，进一步研究三个有限理性主体在参与雾霾协同治理工作的协同收益与支付的治理成本，以期为能够更好地开展跨域雾霾治理提供好的建议。

1.2.2　现实意义

随着人们物质生活水平的提高，对于生活质量的追求越来越高。而雾霾污染已经威胁着人们的身体健康，给人们正常活动带来很大的影响，因而雾霾污染治理问题已经成为全社会关注的重点问题之一，本书的研究结论具有较强的实践意义。通过对我国雾霾污染现状、特点的分析，有助于了解我国雾霾污染的空间溢出特征，进而挖掘出影响我国雾霾污染的关键因素，有助于促进人们对于社会经济增长活动的反思，从而为能够更有针对性地开展雾霾污染治理活动提供理论依据；研究雾霾污染治理过程中各级政府、企业及公众等多元主体的行为，根据研究结果提炼出跨域雾霾协同治理的对策建议，对于解决当前我国雾霾污染问题具有较好的参考价值。

1.3　研究内容

根据研究目的，本书在分析研究雾霾污染的空间特征、空间溢出效应及雾霾污染治理等文献资料的基础上，基于空间计量经济学这一研究方法对我国雾霾污染的时空溢出特征、影响因素进行系统研究；然后运用博弈论的方法，分析在雾霾跨域治理中各因素如何影响主体决策，研究雾霾污染协同治理的多元主体在治理过程中的行为选择；综合运用跨域治理、协同治理等理论思想构建雾霾污染协同治理机制。本书具体内容包括：

第一章为绪论。本章主要介绍本书的研究背景、研究意义，明确本书的研究思路、研究方法及技术路线。

第二章对雾霾污染研究的文献及相关理论进行了阐述，提出了中国雾霾污染协同治理机制的理论框架。由于雾霾的高区域性、高流动性的特点，雾霾污染治理仅靠一地政府的属地管理是不可行的，必须打破原有行政区划的制度安排，重塑利益格局，有效推进地方政府间雾霾污染合作治理，即横向跨域合作治理；同时，雾霾污染本身存在的公共性、外部性特点，其治理涉及政府、企业、社会公众等多元主体利益，基于利益相关者理论，政府、企业、社会公众作为雾霾污染治理过程中纵向合作治理的主体，在利益的驱动下，他们的行为相互影响、相互制约，其行动共同影响了雾霾污染的治理效果，因而要根据协同治理思想，制定协同规则，研究这些规则对各治霾主体的影响，即纵向协同治理，为解决雾霾污染协同治理问题提供理论支持。

第三章主要对中国雾霾污染的空间特征进行分析。本章首先对我国雾霾污染的基本态势进行描述性的统计分析,从时间上对我国 2000—2021 年中国雾霾污染的整体情况进行了研究;雾霾污染的大面积爆发,引起了广泛的关注,我国政府也立即采取了一系列措施大力治理雾霾污染,所以接下来从年度、季度、月度三个时间尺度对 2014 年后的雾霾污染的现状进行重点分析;然后对雾霾污染从省际层面、区域层面进行对比分析。最后应用探索性空间数据分析方法对我国省域层面雾霾污染的空间相关性进行了统计检验,根据全局莫兰指数、局部莫兰指数、莫兰散点图的分析结果,分析探讨雾霾污染的空间布局、空间集聚性特点。

第四章为中国雾霾污染空间溢出效应分析。根据第三章的分析得知,中国雾霾污染存在空间上的分异性特征,因此,本章从中国目前的实际出发,选取 2000—2017 年 31 个省市自治区的数据,建立空间计量模型,对雾霾污染的空间溢出效应进行全样本、区域异质性、时间异质性分析。子样本分析中分别按照东部地区、中部地区、西部地区进行区域异质性分组,按 2000—2012 年和 2013—2017 年进行时间异质性分组,得出相关的结论。

第五章为地方政府间雾霾污染跨域协同治理的博弈研究。雾霾污染的跨域协同治理本质上是各相关利益主体博弈的结果,除了执行上级政府部门的行政命令以外,利益增加是协同治理的最终诉求,公平合理的成本分配是地方政府间协同治理的保障。在开展雾霾污染区域间协作治理时,区域内各地方政府之间也存在着博弈关系,他们会基于各自的利益考虑进行彼此博弈、相互协作而做出选择。本章基于雾霾污染的跨域联合治理,采用微分博弈方法,根据区域内雾霾污染治理时的不同情况,提出了三种情景进行对比分析,得到不同情景下本地政府与邻地政府的雾霾治理的努力程度、政治成本、奖惩措施、监督、考核力度等因素之间的关系,并对比分析不同情景下各主体的治霾努力程度,以期对地方政府跨域协同治霾提供指导。

第六章为地方政府与企业雾霾污染协同治理的博弈研究。本章基于"企业追求经济利润最大化、积极主动治理雾霾的主观能动性差、过度依赖政府力量"的现实背景,对地方政府和排污企业两个主体之间的博弈进行分析。假设排污企业在治霾过程中其策略分为消极应对和积极应对两种,政府的策略有给予惩罚和免除惩罚两种,设置治霾成本、惩罚力度、协同收益等参数,构建地方政府和排污企业两个主体之间的演化博弈模型,研究各个主体雾霾治理策略选择的演化机理。

第七章为地方政府、企业及公众雾霾污染协同治理的演化博弈研究。在雾霾污染治理过程中,鉴于各利益主体的利益驱动、策略选择及主体之间的相互作用,本章将研究对象扩展到地方政府、企业和公众三个主体,构建三方主体共治的内生机制,运用演化博弈动态分析地方政府能否有效引导、企业是否能够以减排降污为标准、公众是否能够有效参与环境管理行为的交互影响,并用数值算例仿真不同政策情境下各博弈方的演化行为,为促进三方主体能够协同治理雾霾提供理论依据。

第八章为研究结论、政策建议、创新点与研究展望。根据前面的研究结果,本章总结了本书研究的重要结论,提出了相应的政策建议,并指出了本书的创新点、研究局限及进一步研究的方向。

1.4　研究方法

（1）文献分析法

本书通过大量地搜罗和阅读国内外关于雾霾污染特点、跨域治理、协同治理等方面的文献资料和学术论文并加以分类和深入研究,在全面掌握国内外跨域雾霾污染治理成功经验的基础上,试图构建雾霾污染跨域协同治理的机制,提出相应的对策建议。

（2）统计分析法

通过对不同区域、不同时间雾霾污染数据的综合与对比分析,研究雾霾污染的基本态势及时空分布特征。

（3）探索性空间数据分析方法

探索性空间数据分析方法是一种能够较好地识别研究对象在某一位置上的数据与其他位置上数据之间关系的统计方法,如果从整体角度出发来进行研究,则被称为全局空间相关性；如果从局部角度来进行研究,则被称为局部空间相关性。为了对雾霾污染的空间溢出性进行深入研究,我们首先使用探索性空间数据分析方法来判断相邻区域的雾霾污染是否存在空间自相关性,这也是后面进行空间计量分析的前提条件

（4）空间计量方法

空间计量模型不仅可以通过设置空间权重矩阵来分析和消除样本本身带来的空间相关性问题,而且也可以用来分析某一样本对其他样本的溢出效应。通过研究得出,中国雾霾污染呈现出较强的空间集聚性和区域分布特点,所以为了更加科学地研究雾霾污染的空间溢出效应,本书采用空间计量模型,对雾霾污染的影响因素进行全样本、区域异质性、时间异质性分析。

（5）协同治理理论的应用

协同治理理论是由协同学原理和治理理论结合产生的一种新理论,近些年学者们在管理学领域中的研究中经常使用这一理论来研究一些热点问题,例如在生态环境的整理治理研究、水污染的治理,但是应用于雾霾污染的研究还比较少。另外,协同治理理论在国外的研究比我国起步要早一些,而且其在实践方面的应用也验证了协同治理思想的科学性。为此,本书在充分分析我国当前雾霾污染空间溢出性和治理困境的基础上,以协同治理理论为基础,运用协同治理理论的思想构建污染协同治理的机制。

（6）博弈论方法

基于多元主体间的微分博弈方法,构建了地方政府间微分博弈模型,同时采用对比分析方法,设置不同的情景,对比分析不同情景下跨域政府主体是如何相互作用来实现协同治霾；与传统博弈不同,演化博弈论强调动态演化过程,参与人在有限理性的条件下,在反复博弈过程中,不断地学习和模仿另一类型的参与人来调整自己的策略,以此使得自己的收益最大化。本书基于博弈演化模型,分别构建地方政府与企业及地方政府、排污企业与公众的三方演化博弈模型,根据其复制动态方程研究各个影响因素对策略选择的影响。

1.5　技术路线

针对本书的研究内容,提出以下技术路线来进行研究工作,见图1-1。

（1）确定研究任务并进行初步研究。分析了本书的研究背景、研究意义,提出了本书的研究思路。运用文献研究法,对雾霾污染相关的国内外文献进行梳理,并进行文献评述。基于利益相关者理论,对雾霾污染治理主体的利益共同点及利益冲突进行了分析,进而搭建了本书的理论分析框架。

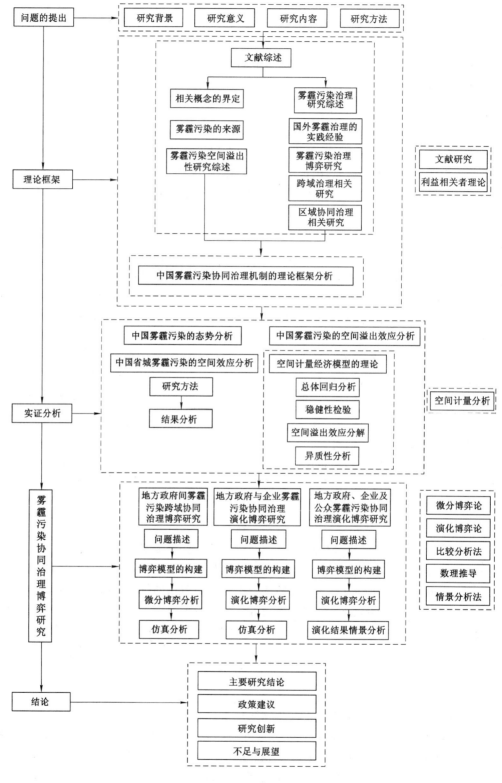

图 1-1 技术路线图

（2）在对中国雾霾污染的基本态势进行分析的基础上,指出雾霾污染治理必须打破区域界线,实行大范围的联防联控和跨域协同治理。应用探索性空间数据分析方法对中国省域雾霾污染的相关性进行了分析,基于空间计量分析的方法,研究了我国雾霾污染的影响因素。

（3）基于微分博弈论、演化博弈论、比较分析法、数据推理等,对中国雾霾污染协同治理进行了研究,并进行了仿真分析。

（4）最后提出了本书的研究结论,研究的创新点,指出了分析的不足,并对未来的研究进行了展望。

2 文献综述及理论框架分析

2.1 文献综述

2.1.1 雾霾概述

雾霾是气象科学中的一种天气现象,是雾和霾的总称,当两者同时出现时带来的危害会比较大,但实际上它们的形成原因和条件有很大的区别。雾的构成成分主要是漂浮在地表的水汽凝结颗粒物,当空气中湿度过大时,会使得细小的水分子含量逐渐增多,由此形成雾;而霾的主要成分是悬浮在大气中的烟粉、灰尘等颗粒物,当空气中的灰尘、硫化物、氮氧化物及可吸入颗粒物等物质大量堆积时就形成了霾。当霾的现象出现时,会使得物体的颜色变弱,远处光亮的物质看起来像带着黄、红色,而暗色物质略微带蓝色。这时如果再加上空气中的水汽进一步凝结,则形成了雾霾天气,这会使得空气中的能见度降低。在气象上,按照水平能见度和空气的相对湿度将雾霾划分为四个等级,即轻微霾、轻度霾、中度霾和重度霾。雾霾的相对湿度不一样时,所呈现出来的状态也是不同的[10]。如果相对湿度超过百分之九十时,会以雾的形式呈现出来;如果相对湿度小于百分之八十,则以霾的形式呈现出来;如果相对湿度处于百分之八十到九十之间,则为雾霾的混合物,但主要成分仍然是霾。雾霾之间的另外一个明显区别是昼夜温度变化。由于雾的主要成分是水分子,因此,当温度升高时,雾将逐渐蒸发并消失,或者由于风的作用而逐渐消散。但是,霾是悬浮在空气中的灰尘、盐分颗粒或其他颗粒物,它们不会随着气温的变化而发生太多的变化,它只会随着气流缓慢漂移或在空气中逐渐分解。霾将直接影响空气质量,而雾本身不会对人体直接带来危害,但是由于雾气的存在,会使得空气中的颗粒物不断地积聚。这些颗粒物与其他物质结合会产生大量的细菌和病毒,这些污染物之间的化学反应会造成极大的危害,并间接影响空气质量。根据《环境空气治理指数技术规定》的分级方法和危害程度,雾霾污染划分为三个等级,即一级(极重污染)、二级(严重污染)、三级(重度污染),具体划分标准见表2-1。雾霾预警信号也分为三级,分别用红色、橙色和黄色表示,对应着极重霾、重度霾和中度霾。

表 2-1 雾霾污染等级划分

级别	依 据
一级(极重污染)	区域连续 24 小时空气质量指数在 500 以上
二级(严重污染)	区域连续 48 小时空气质量指数在 301 至 500(含 500)范围
三级(重度污染)	区域连续 72 小时空气质量指数在 201 至 300(含 300)范围

雾霾的组成成分包括二氧化硫、氮氧化物和可吸入颗粒物等,其中前两项为气态污染物,而可吸入颗粒物不仅自身就是一种污染物,而且又是重金属微粒及环境扬尘等有毒物质的载体,因而被认为是造成雾霾污染的罪魁祸首。可吸入颗粒物指的是直径在 $10~\mu m$ 以下的颗粒物,又称为 PM_{10}。而颗粒物的粒径越小,进入人体呼吸道的部位则越深,当颗粒物的直径小于 $2.5~\mu m$ 时,会直接进入人体的肺泡中,从而给人们带来的危害越大。这些颗粒物可能来源于各种污染源的直接排放,比如工业企业排放的废气、汽车尾气、冬季取暖燃烧的煤炭、农家秸秆的燃烧等,另一方面大气环境中的硫氧化物、氮氧化物等发生的化学反应也会形成很多细小颗粒物。当风力较小时,空气中的颗粒物往往很难向周边扩散和流动,不断地在空中聚集,雾霾现象就越来越严重。

2013 年全面爆发的雾霾污染引起了全国人民的广泛关注,"雾霾"成为中国该年度的关键词。据统计,仅 2013 年 1 月,全国 30 个省(区、市)就发生了四次雾霾污染,中国前 500 个最大城市中,达到世界卫生组织推荐空气质量标准的比例不足 1%,而世界上污染最为严重的十个城市中,中国占据了七个。2014 年,国家减灾办、民政部第一次将危害人类健康的雾霾天气归为 2013 年自然灾情予以通报,国家积极采取各种政策措施来加强对雾霾污染的控制,改善大气环境质量。

根据当前大气污染的特点我国对雾霾污染的监测工作也全面展开,污染物种类的监测依据为经过多次修订的《环境空气质量标准》。受大气污染现状、污染源排放情况及监测技术等因素的影响,从 1982 年我国的《环境空气质量标准》制定以来,该标准经过了两次修订和一次修改,大气污染项目构成、污染物的浓度阈值进行了多次变动,具体见表 2-2。

表 2-2 历次《环境空气质量标准》中主要污染物项目

标准	基本项目	其他项目	参考项目
GB 3095—1982	二氧化硫(SO_2)、氮氧化物(NO_x)、一氧化碳(CO)、总悬浮微粒、光化学氧化剂(O_x)		飘尘
GB 3095—1996	二氧化硫(SO_2)、二氧化氮(NO_2)、一氧化碳(CO)、总悬浮颗粒物(TSP)、臭氧(O_3)、可吸入颗粒(PM$_{10}$)、铅(Pb)、苯并[a]芘 B[a]P、氟化物(F)、氮氧化物(NO_x)		
GB 3095—1996(修订单)	二氧化硫(SO_2)、二氧化氮(NO_2)、一氧化碳(CO)、总悬浮颗粒物(TSP)、臭氧(O_3)、可吸入颗粒(PM$_{10}$)、铅(Pb)、苯并[a]芘 B[a]P、氟化物(F)		
GB 3095—2012	可吸入颗粒物(PM$_{10}$)、细微颗粒物(PM$_{2.5}$)、二氧化硫(SO_2)、二氧化氮(NO_2)、一氧化碳(CO)、臭氧(O_3)	总悬浮颗粒物(TSP)、铅(Pb)、苯并[a]芘 B[a]P、氮氧化物(NO_x)	铬(Cd)、汞(Hg)、砷(As)、六价铬[Cr(Ⅵ)]氟化(F)

在 1982 年制定的 GB 3095—1982 中,大气污染物项目主要包括二氧化硫(SO_2、)、氮氧化物(NO_x)、一氧化碳(CO)、总悬浮微粒、光化学氧化剂(O_x)和飘尘,70%的污染物来源于

燃料的燃烧。1996 年修订的 GB 3095—1996 中大气污染物成分中增加了二氧化氮(NO_2)、铅(Pb)、苯并[a]芘 B[a]P、氟化物(F)等。由于光化学氧化剂中 O_3 的浓度占到 90％以上，将原来的光化学氧化剂(O_x)修改为臭氧(O_3)，同时，原标准中的总悬浮微粒修改为总悬浮颗粒物(TSP)，飘尘修改为可吸入颗粒物(PM_{10})。2000 年的 GB 3095—1996 修订单中删除了氮氧化物(NO_x)项目。随着我国经济社会的快速发展，能源消耗量大幅提升，汽车拥有量急剧增长，经济发达地区氮氧化物(NO_x)和挥发性有机物(VOCs)排放量显著增加，细微颗粒物($PM_{2.5}$)和臭氧(O_3)污染不断加剧，可吸入颗粒物(PM_{10})和总悬浮颗粒物(TSP)污染尚未得到有效控制，还有针对特定地区的大气污染物，2012 年我国制定了新的空气环境质量标准，特别增加了备受人们关注的 $PM_{2.5}$。与美国、欧盟、日本等国家或地区环境空气质量标准中的污染物项目对比后可以看出，$PM_{2.5}$ 目前是大家共同控制的主要污染物之一，具体见表 2-3。本书的分析中也主要以 $PM_{2.5}$ 浓度来衡量雾霾污染的基本情况。

表 2-3　不同地区《环境空气质量标准》基本污染物的比较

地区	基本污染物项目
中国	可吸入颗粒物(PM_{10})、细微颗粒物($PM_{2.5}$)、二氧化硫(SO_2)、二氧化氮(NO_2)、一氧化碳(CO)、臭氧(O_3)、总悬浮颗粒物(TSP)、铅(Pb)、苯并[a]芘 B[a]P、氮氧化物(NO_x)
美国	可吸入颗粒物(PM_{10})、细微颗粒物($PM_{2.5}$)、二氧化硫(SO_2)、二氧化氮(NO_2)、一氧化碳(CO)、臭氧(O_3)、铅(Pb)
日本	细微颗粒物($PM_{2.5}$)、二氧化硫(SO_2)、二氧化氮(NO_2)、悬浮颗粒物(SPM)、光化学氧化剂(O_x)、一氧化碳(CO)、苯、三氯乙烯(TCE)、四氯乙烯(PCE)、二氯甲烷(CH_2Cl_2)、二噁英类(Dioxins)
欧盟	可吸入颗粒物(PM_{10})、细微颗粒物($PM_{2.5}$)、二氧化硫(SO_2)、二氧化氮(NO_2)、一氧化碳(CO)、臭氧(O_3)、铅(Pb)、苯并[a]芘 B[a]P、铬(Cd)、砷(As)、Ni、C_6H_6、氮氧化物(NO_x)

2.1.2　雾霾污染产生的原因

随着雾霾污染的形势日益严峻，学者们对雾霾污染方面的研究也逐步展开。众多学者对雾霾污染的来源进行了研究，他们首先根据自然条件、气象因素和化学成分等因素来研究雾霾为什么会产生[11-18]。Pateraki et al. 对地中海城市雾霾污染的影响因素进行分析，指出风速、温度和相对湿度对不同直径的大气颗粒物的影响，发现三者对雾霾污染的产生有着显著性的影响[19]。Tai 等采用多元线性回归的方法对美国 1998—2008 年间雾霾现象进行了研究，指出气温的变化、空气的相对湿度、降水量大小等气象因素对雾霾的产生有着非常重要的影响[20]；Querol 等利用西班牙 1999 年到 2005 年的数据研究气象变化对 $PM_{2.5}$ 浓度的影响，指出湿度、温度与大气污染物之间存在显著的关系[21]；Yoo 等以韩国 2000—2012 年的数据研究夏季降水变化对空气污染物的影响，认为二者存在着明显的负相关关系[22]；Bilge Özbay 采用 2007—2010 年的 SO_2 和 PM_{10} 浓度数据进行研究，得出的结论是空气湿度和人工降雨可以显著地改善环境空气质量[23]。魏嘉、吕阳等从我国雾霾的污染物来源入手分析，指出空气中气溶胶对我国雾霾污染的发生有着非常大的影响，通过研究气溶胶污染现状，将其作为控制雾霾污染发生的重要手段[24]；王雪青等指出，雾霾中的化学成分虽然存在较大的差异，但是引起雾霾的主要污染物都是烟尘、二氧化硫、氮氧化物等，空气中这些污染物超标排放后会发生次级反应,导致雾霾的产生[25]。

其次,有的学者从人口[26-27]、产业结构[28-31]、技术进步[32]、工业集聚[33-34]、能源消费结构[35-37]、交通[38]等经济社会发展方面来分析雾霾产生的原因。对于人口集聚与雾霾污染之间的关系,目前共三种观点:一种认为人口集聚的增加,会通过规模效应的作用加剧雾霾污染[39],Leeuw et al. 研究了欧盟 200 个城市城镇化的特点,指出城镇化转型升级过程中,随着人口数量的增加,给城市带来了拥堵效应,从而加剧了城市的雾霾污染[26];第二种观点认为人口集聚会提高公共设施的利用率、或者促进技术创新,从而可以改善雾霾污染[40-42];第三种观点认为人口集聚对雾霾污染的影响不确定[43-46]。刘耀彬等实证研究了人口集聚与雾霾污染之间的关系,指出人口集聚与雾霾污染之间存在显著的门槛特征[47]。Kavouras 采用因子分析方法,研究智利这个国家 $PM_{2.5}$ 浓度的主要影响因素后,发现冶炼厂的燃料燃烧是产生 $PM_{2.5}$ 的最重要因素。此外,机动车尾气排放和木材燃烧也是 $PM_{2.5}$ 的主要来源[48]。Parikh et al. 指出在城市化过程中,能源消费结构的改变带来了雾霾污染[35]。Levinson 分析了美国 20 世纪 70 年代后大气环境治理改善的主要原因,指出技术进步的提升会抑制环境污染的发生,而产业结构的优化升级所产生的积极效应较小[32]。Alessio Pollice 从时空的角度研究了 PM_{10} 的浓度分布后指出,当把工业企业转移到郊区后,PM_{10} 的浓度会明显降低,因而工业制造业的生产是造成雾霾污染的主要因素[49]。产业结构方面,Li et al. 研究认为,产业结构优化升级一方面能够促进全要素生产率的提高,另一方面有利于环境质量的改善[28]。回莹认为,产业结构对雾霾污染产生很大的影响,当产业结构不合理时,会加重雾霾污染[50]。刘晓红等指出,第二产业的比重过高,是产生雾霾污染的很重要的因素[51]。冯晓莉等用灰色关联的分析方法分别研究了三次产业与雾霾污染物之间的关系[52]。东童童等研究了工业集聚与雾霾污染之间的关系,指出新型工业化发展应该协调好集聚、效率和环境之间的关系[53];刘晓红等通过构建静态与动态空间面板模型研究了雾霾污染产生的经济动因,指出交通拥堵及邻近地区的影响是造成东部地区雾霾污染的主要原因,而对于中西部地区,以煤为主的能源消费结构是其成为高污染集聚区的重要因素[54];周嵘对安徽省的雾霾现状进行了实证研究,指出雾霾产生的主要原因是城市化、汽车尾气排放和农村季节性的秸秆焚烧[55]。

最后,有的学者指出,我国面积辽阔,地形条件复杂,当某一区域属于盆地或者周围被群山环绕,那么雾霾污染就很难扩散出去[56]。近年来,随着房地产市场的不断发展,各大城市的建设如火如荼,高层建筑物的数量和密度日趋增大,这就使得城市空气流动的摩擦系数逐渐增大,城市内的污染物不容易向外扩散,再加上城市内机动车数量的增多,汽车尾气排放量加大,导致了更多的雾霾污染,最终使得城市雾霾污染浓度进一步加大[57]。

因而,通过研究,目前学术界对雾霾污染产生的原因基本形成一致意见,认为雾霾污染的产生主要基于三个因素:一是自然、气象因素,风或者大气湍流会使得雾霾污染在相邻地区传播,湿润的气候会缓解雾霾污染;二是经济社会发展因素,工业生产过程中产生的烟尘、二氧化硫、氮氧化物等废弃物,居民日常生活过程中排放的烟尘、私家车、农村季节性的秸秆焚烧、冬季取暖等活动产生的污染物,这些构成了雾霾污染产生的重要原因;三是地形条件因素,会使得雾霾污染很难扩散出去,从而加剧雾霾污染的集聚。

2.1.3   雾霾污染空间溢出性研究综述

国内外的学者们很早就开始对环境问题的空间相关性展开了研究。他们首先研究了雾霾污染的时空分布特征。ThomasL 以 PM_{10} 代表雾霾污染的程度,分析了美国 1988—1995 年间雾霾污染的变化程度,研究发现由于在该段时间内美国环保总署非常严格地控制、监管 PM_{10},该时期内 PM_{10} 浓度呈现持续下降的状态[58];Giacomini 和 Granger 指出如果忽略空间因素直接对雾霾污染问题进行研究,那么研究结果必定会出现偏差[59];G. Grivasa 研究后也发现雾霾污染具有跨界传输的现象,当周边地区雾霾污染更为严重时,那么本地雾霾污染则会受到邻近地区的影响[60]。对我国雾霾的时空分布,国内学者从不同角度、不同方法展开分析。有的学者从全国角度对雾霾污染时空分布进行研究:如王少剑等采用 2015 年我国生态环境部公布的全国 383 个城市空气质量数据进行分析,指出全国 $PM_{2.5}$ 的浓度变化表现出冬高夏低、春秋居于中间的"U形"特点,相比于其他区域,京津冀地区是全国 $PM_{2.5}$ 的污染重区[61]。肖悦等分析 2005—2015 年全国 86 个重点城市标准化的 API 和 AQI 的统计数据,从年度、季度、月度三个尺度研究了近十年来中国空气质量的时空分异特点[62];姜磊等基于 2015—2017 年中国环境监测网站发布的 329 个地级市 $PM_{2.5}$ 的实时监测数据,从更广阔的范围来研究雾霾污染的时间变化趋势和空间分布特点,指出不仅从时间维度上来说,$PM_{2.5}$ 浓度值呈现下降的趋势,而且在空间上污染的集聚范围也在逐年减少[63]。有的学者从区域的角度分析其时空分布特征,如京津冀地区、长三角城市群、珠三角地区等[64-69]。还有的学者对单个省市或城市展开分析。如王珊等分析了西安地区雾霾的日数据变化,指出雾霾在冬季发生的比较多,而夏季则比较少;空间分布上距离城区越近,雾霾越严重[70]。袭祝香等通过对吉林省的空气污染情况进行分析,发现该省的雾霾分布空间上表现出从东南向西北逐渐递减的趋势[71]。学者们进行研究时所采用的方法也不尽相同。如描述性统计方法[72-78]、探索性空间数据方法[79-80,36]、自然正交函数法、重心迁移模型[81-84]。总体上来说,雾霾污染在时间上表现出明显的季节性特点,空间上呈现出东良西差、南优北差的特点。

其次,学者们采取了不同的方法或根据不同的模型对雾霾污染的空间相关性进行了研究。有的采用空间计量经济的方法来进行研究。Anselin 明确界定了空间计量经济的含义,建立了数量经济模型,提出了具体的计量方法,并且在 2001 年对环境问题的空间相关性进行了专门研究[85]。Poon 以烟尘、粉尘等为指标代表空气污染程度,实证研究了能源、交通、贸易的发展都会带来空气污染的问题,分析了我国各省域之间空气污染的空间影响关系[86]。郭丰采用动态空间面板模型实证研究了雾霾污染影响的区域差异,指出我国雾霾污染仍存在着明显的空间溢出效应、时滞效应[87];唐登莉等运用动态面板数据模型研究能源消费对中国雾霾污染的影响,发现我国不同省市之间的污染以及治理确实存在明显的溢出效应[88];潘慧峰等根据 2013 年 10 月至 2014 年 9 月的 $PM_{2.5}$ 日数据,使用基于 Hsiao 的 Granger Causality Test 与 Generalized impulse response function 对京津冀地区各相邻城市进行研究,指出北京的雾霾污染会对周边城市产生冲击和影响[89];向堃、宋德勇根据 STIRPAT 模型,对我国各个省市雾霾污染排放量进行研究,认为在不同区域内雾霾污染存在溢出效应[90]。马丽梅等为了研究中国雾霾污染的空间溢出效应问题时,建立了空间杜宾模型对中国 31 省份的雾霾污染进行了研究,证明了空间因素是导致雾霾污染的最重要因素,因而,各地区应树立"联防联控"意识,打破行政区域界线,根据 $PM_{2.5}$ 颗粒浓度数据重新划分污染区域,界定"城市群"范围,更有针对性地采取"联防联控"政策,对高污染区进行有效治理[36]。

最后,也有学者采用其他方法来研究证实雾霾的空间相关性,如社会网络分析法。Borgatti 等概括总结了社会网络分析方法的研究假设,分析了用该方法研究社会经济问题的科学性、有效性[91];逯苗苗等运用 SNA 与 QAP 的方法,借助引力模型,对我国 31 个省市雾霾污染的空间关联性进行了实证研究,发现不同省市雾霾污染的空间网络是非对称的,因而要根据各个地区的特点制定差异化的治理对策[92]。刘华军等运用多形式的网络分析方法对雾霾污染空间关联的微观特点及连通模式进行了研究,发现即使相距较远的城市,它们之间仍可能存在雾霾污染的空间溢出效应,指出了雾霾空间依赖关系形成的关键要素[93]。Xu Gang. et 等采用空间自相关法和克里金法(Kriging method)对京津冀、长三角和珠三角三个典型区域进行了空间变异性研究,表明这三个区域的 $PM_{2.5}$ 具有很强的空间相关性[94]。Hu. 等选取了中国华北平原(NCP)的 13 个城市和长江三角区(YRD)20 个城市的颗粒物 PM_{10} 和 $PM_{2.5}$ 进行研究,发现在华北平原,$PM_{2.5}$ 和 PM_{10} 超过中国《环境空气质量标准》(BG 3095—2012)一级标准的浓度出现的频率分别为 83% 和 93%,而在长江三角洲超标频率分别为 66% 和 51%,不管是 $PM_{2.5}$ 还是 PM_{10},城市间相距 250 km 以内都具有很强的空间相关性[95]。史凯等采用 DDCA 分析法(去趋势互相关分析法)对成都市区与周边城镇的空间互动关系进行了研究,对空气污染的相关性进行了分析,结果发现,成都市区与周边城镇的空气污染的相关性会随着时间以幂律的形式逐步减缓,在一定的地理环境和气象条件下,二者之间存在着显著的相互传输和耦合的作用,这种长期持续的相关性可能会在某些特定时期加剧成都市区的空气污染状况,因而在城镇的规划建设中应特别重视这一情况[96]。

综上所述,众多的国内外学者从不同角度、运用不同方法对相邻国家、相邻城市雾霾污染的空间相关性问题进行了研究,指出在一定的条件下,区域雾霾污染现象存在着显著的空间效应,为本书后面的研究奠定了良好的基础,提供了很好的思路。

2.1.4 雾霾污染治理研究综述

2.1.4.1 国外雾霾治理的实践经验

西方国家在工业化过程中都发生过雾霾污染的现象。在 20 世纪 50 年代,英国就发生了持续五天之久的"大雾霾"天气,究其原因主要是在这个时期,英国进入了工业高速发展的时代,在工业生产过程中过量使用煤炭,居民在冬季取暖时也主要使用燃煤采暖,煤炭燃烧过程中产生了大量的 CO_2、CO、SO_2、粉尘等污染物,形成了浓度很高的灰黄色烟雾,持续大范围地在城市上空聚集,很难排解,从而就发生了长期的大范围的雾霾天气[97-99]。据资料显示,在 1952 年那场大雾霾持续了五天,致使 1.2 万人丧生的污染事件后,让伦敦人清醒地认识到环境的重要性,于是,英国以此为契机,开始了现代意义上的环境治理的道路。1956 年出台了世界上首部空气污染防治法案《清洁空气法案》,首次以立法的形式,对生活和工厂排放的废气进行管控,全国很多区域被认定为无烟区,全面禁止排放一切烟尘;不准排放黑烟,限制煤烟的产生。这一系列措施的实施,城市空气污染程度下降了 80%。1974 年,又颁布了《污染控制法案》,规定了机动车的燃料成分与石油燃料的含硫量;1981 年出台了《机动车燃料管理办法》,对汽油中铅的含量做了限制。此后又陆续颁布了二十多部法案和一系列指导条例,采取了一系列措施,包括对汽车尾气的规定、征收交通拥堵费、鼓励市民乘坐公共交通工具出行;此外,英国采取多种措施齐头并进,协同治理,要求企业进行科学技术改革,使用没有污染或者少污染的技术进行生产、加工,鼓励公众积极参与监督、各大高校、科研机构、环保部门、社会媒体等形成合力,参与雾霾治理。

二战期间,为了战争的需要,洛杉矶每天都要生产很多的军需用品,整个城市都笼罩在烟霾之中。在 20 世纪 40 年代,洛杉矶的汽车拥有量就达到了 250 万余辆,日消耗汽油量 1 100 t 以上,排放了大量的碳氢化合物(CH)、氮氧化合物(NO_x)、一氧化碳 CO 等。再加上炼油厂、供油站等燃烧大量的石油,导致洛杉矶成为了名副其实的"毒烟雾工厂"。在 1952、1955 年,洛杉矶经历了两次非常严重的"光化学烟雾"事件,直接导致大量人口死亡,这也被认为是世界上有名的公害事件之一。这一事件的发生,推动了美国《清洁空气法》体系的诞生。《清洁空气法》的颁布,大大改善了美国的空气质量,也为世界上其他国家治理空气污染提供了很好的借鉴价值。后来,美国又相继制定了《空气污染控制法》、《联邦清洁空气法》、《空气质量控制法》等,这些一起构成了美国控制空气污染的完整法律体系。除了法律条文外,美国在治理空气污染过程中主要采取的措施如下:给予联邦政府治理污染的权利,联邦政府可以根据自己所属地区污染的情况和治理的方式建立自己的污染防治政策;环保机构具有立法、执法的资格,因而,美国的环保局制定并修改了专门针对大气 $PM_{2.5}$ 含量的国家空气质量标准,而且实时严密监控,及时向公众公开数据,公众只要打开环保局的网站,就能看到实时监控的结果。在治理雾霾的过程中,美国政府也非常注重市场机制的运用,完善排污交易政策,减少污染排放的成本;加强区域政府的合作关系,共同制定相关的政策,加强区域间的联防联控。据美国环保局数据显示,经过一系列措施后,美国普遍驾驶清洁燃料的车辆,显著降低了有毒空气的排放,碳氧化物、二氧化硫的排放也在法律规定的限度内,环境空气质量大大提升[100-103]。

日本作为工业化发达的国家之一,也曾遭受空气污染问题的严重困扰。二战后,为了尽快恢复经济的发展,日本尤为重视重化工业的发展,各地纷纷建立工厂,如火如荼地进行着工业生产,推动了日本经济的高速发展。但与此同时,在工业生产过程中消耗了大量的煤炭、石油等能源,导致日本的空气污染现象特别严重。当时日本的四大工业城市横滨、神户、大阪、川崎,其天空可谓浓烟滚滚,甚至有时候白天也见不到太阳,能见度极低,空气中充斥着硫化物的难闻气味,民众不堪其苦。后来,空气污染愈演愈烈,石化产业引发的"联合企业公害"由此出现,最经典的就是"四日市公害"事件,居民长期呼吸被工业废气污染的空气,呼吸道疾病的发病率急剧增加,民众生活质量非常低。但这一事件的发生,却促使日本对雾霾污染问题的高度重视,开始了一系列有针对性的治理。日本从 20 世纪 60 年代开始,先后出台了污染治理的法律法规,如《煤尘排规制法》《公害对策基本法》《大气污染防治法》,加强汽车尾气排放、车型车辆的管制;到了 70 年代,进一步加大了对污染企业的惩罚力度,严格执行各项环保法规,同时规定如果企业排放的污染物对居民健康造成危害,则必须承担赔偿责任。在政府的严格管控下,日本的企业也加大了对环保设备的投资,研发节能减排技术。对于社会公众,努力提高其环保意识,环境教育从小学开始抓起,建立了一整套的环境教育体系;各地方政府与企业、公众缔结了公害防治协定,鼓励公众积极参与雾霾治理,居民有权利进入工厂内部监督污染物排放情况,实时公开监测数据,同时成立由公众代表组成的公害监督委员会,对政府和企业污染治理行为进行有效监督。经过多渠道的综合治理,日本成为目前世界上空气环境治理最好的国家之一[104-107]。

通过对上述几个国家治霾实战经验的分析总结,我们可以发现,各国面对严重的雾霾污染时,各国政府都非常重视,采取了一系列措施,最后取得了很好的效果,他们的治霾经验值

得我们借鉴学习,现总结如下:

首先,法律是雾霾治理的利剑。面对严峻的污染,各国政府出台了一系列法律法规,加强对企业污染排放的严格管控,提高执法力度,对违反法律法规超标排放的企业给予惩罚,同时提供各种优惠措施鼓励以企业使用清洁技术,从源头上控制污染的发生。

其次,积极发挥公众的力量,引导公众树立环保意识,公众不仅仅只是关注该问题,更重要的是落实到行动上来,自觉执行各项条例,并积极监督政府出台的各项政策是否落实到位。

最后,加强区域间联防联控机制的建立,采取协同治理的模式。各国在治理过程中,都意识到必须打破行政界限,加强区域间的合作;形成多元主体共同参与、协同治理的合作模式,而不是只靠单一主体的行动。

2.1.4.2　雾霾污染治理博弈研究

博弈论是人们在公平对抗中,根据对方的策略来调整改变自己的对抗策略,从而达到获胜的目标。在中国古代博弈论的思想就已经存在,《孙子兵法》可以被认为是最早的关于博弈论的著作。1928 年,约翰·冯·诺依曼(John Von Neumann)对博弈论的基本原理进行了解释说明,1944 年,在《博弈论与经济行为》一书中,冯·诺依曼和奥斯卡·摩根斯坦(Oskar Omogenstern)将二人博弈扩展到多人博弈,提出了合作博弈的概念,并进一步将其应用到经济学领域,从而开拓了博弈论的应用研究[108]。根据不同标准,博弈有不同的分类。1994 年,诺贝尔经济学奖获得者约翰·福布斯·纳什根据是否具有约束力的协议,将博弈分为了合作博弈和非合作博弈两种形式,对博弈论的研究起到了推动的作用。具体来说,当合作者之间具有约束力的协议时,他们之间的博弈就是合作博弈,反之则为非合作博弈。不管是合作博弈,还是非合作博弈,都隐含着一个基本的假定条件,那就是参与博弈的各个主体都是理性人,博弈主体在进行决策时,都努力使自己的利益最大化。但是二者的侧重点不一样。合作博弈追求的是集体理性,并注重公平和效率;非合作博弈更多地关注个体理性并关注个人决策行为。根据参与者采取行动的时间顺序,博弈论可以分为两种形式:静态博弈和动态博弈。静态博弈又分为两种情况,一种是指在博弈中,参与人选择同时行动,另一种指的是虽然参与人没有同时行动,但后面的行动者并不知道前面的行动者采取了什么具体的行为。动态博弈是指在博弈的过程中,博弈主体的行动有先后次序,后面的行动者会观察到前面的行动者所采取的行为,然后在此基础上,再选择自己的行动。根据研究假设的不同,又分为传统博弈论和演化博弈论。传统博弈论需要两个苛刻的假设条件,即要求参与人是完全理性的,信息要求是完全的。然而在现实中,经济社会的博弈问题往往比较复杂,博弈的参与人在进行决策时往往很难做到完全理性,所需要的信息也总是不完全的。而仅仅是在不完全信息的条件下,进行的有限理性的决策,因而演化博弈论应运而生。该理论只要求博弈的参与人在有限理性的条件下进行决策,是将博弈论的理论分析和动态演化过程相结合的一种理论。该理论起源于达尔文的生物进化论思想,对生物进化过程中的很多现象进行了合理的解释。Marshall 在生物进化论的基础上,指出可以将"物竞天择、适者生存"的观点应用到社会科学中来。后来,1973 年,John Maynard Smith 和 George R. Price 两位学者在他们发表的论文中第一次提出演化稳定策略(evolutionarily stable strategy, ESS),这标志着演化博弈理论的正式提出[109]。其主要思想是,参与博弈的主体都是有限理性人,在信息不对称的情况下,他们在进行博弈时,通常不会在刚开始就会找到最优策略,而是随着时间的变化,在博弈中相互学习,相互适应,通过不断地模仿收益较大的策略,来改进自己的策略,从而最终趋于均衡稳定的状态。当群体中绝大多数的个体选择演化稳定策略时,那么那些小的突变者群体就无法进入到这个群体中来。换言之,在自然选择条件下,突变者或者改变策略而选择演化稳定策略,或者从系统中退出,从而不再出现在进化过程中。微分博弈论最早出现于 20 世纪 50 年代美国空军开展的空对空导弹对抗问题的研究,1965 年埃萨克提出了在追踪问题中双方都能够进行自由决策的微分对策理论。

随着博弈论的发展和完善,该理论已被学者们广泛地运用到军事、经济社会科学、环境科学等各个领域中。由于环境治理属于社会公共事务问题,在治理过程中会涉及各级政府、企业、社会公众等多元主体,而主体间会存在各种各样的利益冲突,他们在进行决策时会通过博弈的方式为自己争取更多的利益,所以环境治理方面的专家学者早就开始运用博弈论开展具体的研究工作,所采用的方法也从合作博弈到非合作博弈、静态博弈到动态博弈、完全理性条件下的传统博弈到有限理性条件下的演化博弈不断演进,涌现了大量的学术成果。

早在 20 世纪初期,Pigou 就分析了环境污染的产生的原因,指出环境污染的外部性是市场失灵现象的结果,而市场失灵是由于私人边际成本与社会边际成本存在差异造成的,只有通过征税或增加企业治污投入使得二者相等,从而使得环境污染的外部性问题内部化[111]。1968 年,Hardin 在其发表的《公地的悲剧》对公地资源的使用进行了预测,指出所有公地资源的过度开发,最终会使其完全退化[110]。

近年来众多学者们运用合作博弈理论来研究环境污染治理问题。Maler 首次建立了关于跨界污染国际合作问题的分析框架,提供了一种量化欧洲国家进行合作给各国带来净收益的方法,每个国家都在考虑其他国家的策略和收益的情况下来优化自己的净收益[112]。Halkos 运用博弈论方法来研究欧洲酸雨的跨域治理问题,分别给出了在完全信息和不完全信息的假设条件下,欧洲各国合作与非合作均衡的一般形式[113-115]。Krawczyk 根据耦合约束的博弈模型解释了纳什均衡存在的条件并进行了证明,对流域污染问题进行了数值计算[116]。Petrosjan 等运用动态博弈模型研究了国家在减少污染的合作博弈中总成本随时间分配问题,通过计算所有可能联盟的特征函数,应用 Shapley 值法确保总合作成本在参与者之间的公平分配[117]。崔焕影、窦祥胜等应用合作博弈理论建立绿色效应函数模型来研究国际环境合作问题[118]。杜焱强、苏时鹏等应用非合作博弈模型对农村水环境治理问题中涉及的政府—企业—村民等各利益主体的博弈行为进行研究[119]。李占一利用联盟博弈模型对国际环境治理合作中各参与国的收益分配、成本分摊问题进行分析,研究促成对莱茵河合作治理成功的影响因素[120]。

Akihiko Yanse 建立了微分博弈模型来研究国际环境污染控制问题,分析了在第三国市场上两个寡头垄断国家的博弈策略,通过对比分析两种替代性的政策工具(排放税与命令—控制型规制)指出,由于静态的"租金转移"效应,母国实施更加严格的排放政策可以提高外国公司的竞争力,而外国则可以通过"搭便车"享受本国的减排努力,从而改善全球环境质量[121]。Yeung 用微分对策模型研究了跨域工业污染的合作博弈模型,同时也研究了不同生产部门之间的非合作模式[122-124];杨仕辉、魏守道等基于企业产品差异化竞争,构建双寡头动态微分博弈方程,对比分析三种不同的气候政策对两国产生的经济效应和环境效应[125];曹国华等构建政府和企业的主从微分对策模型,研究流域生态补偿机制在政府进行污染管理决策时的作用[126]。

近年来,随着环境污染问题的日益严重,演化博弈理论也广泛应用到污染治理的研究中来。Estalaki 等用演化博弈方法来确定对排污者污染水质时进行惩罚的惩罚函数,提出了稳定的废水处理策略[127]。Cai 等用演化博弈研究政府和两个竞争企业的行为,并进行系统仿真。结果表明:标准惩罚策略对环境污染的抑制效果最好,而动态惩罚策略可以稳定演化博弈过程的波动,最后提出了具有综合效应的最优罚分来改善环境[128]。Li Ma、Lu Zhang 建立了建筑材料回收的动态演化博弈模型,分析在有政府激励和没有政府激励的情况下,建筑企业与回收企业之间的共生演化过程,分析了政府的激励政策如何影响建筑垃圾回收的动态演变过程[129]。Fairchild 基于理性经济人的假设,运用数学建模的方法,研究了环境污染规制过程中政府与企业的互动关系,分析参与主体的策略互动[130]。李俊杰等从演化博弈视角研究地方政府自身及地方政府间协同治理空气污染的决策演化过程,指出地方政府治理空气污染的执行力度是影响区域空气质量的直接因素[131]。初兆鹏等以博弈方有限理性为前提,运用演化博弈理论构建了政府为主导、企业为主体、社会组织和公众共同参与的大气污染治理模式,指出地方政府要形成生态文明理性预期,才能促使多元主体从"非合作"到"合作"状态转变[132]。游达明等通过数值仿真,研究了不同情形下地方政府环境规制策略的影响因素,指出相邻地方政府竞争产生的正负外部效应将会对博弈主体实现博弈均衡产生影响[133]。姜珂等基于央地分权视角,研究不同情形下参与主体演化稳定策略的走向及其收敛趋势,指出要构建政府为主导、企业为主体、社会组织和公众共同参与的大气污染治理模式,首先要形成地方政府生态文明理性预期,才能促使多元主体从"非合作"到"合作"[134]。徐松鹤运用演化博弈论研究了公众参与下地方政府与企业之间的行为交互关系及环境治理策略选择[135]。曲卫华等学者以公众公共健康损失赔偿为约束条件,建立了政府、企业、公众的三方演化博弈模型,并进行了数值仿真,分析了三方主体所做出的不同策略选择对演化结果的影响[136]。柳歆运用博弈论研究了公众参与环境监督对中央政府及地方政府的影响,指出构建包括中央、地方及公众等多元主体的环境保护长效机制是解决区域环境治理问题的根本[137]。曹霞等学者基于利益相关者的权益分析,建立了政府、企业与消费者为三方主体的博弈模型,并进行了仿真分析,结果证明较高的污染税费、低强度的公众环保宣传,再加上一定的创新激励手段对推动企业绿色技术创新效果最显著[138]。李昊基于异质性政府的视角,建立了雾霾协同治理的双主体博弈模型,分析了两个异质性地方政府在无激励机制、引入补偿机制、引入监督机制三种情形下的策略选择问题,以期能够提出解决区域雾霾治理问题的可行机制[139]。王红梅等学者对京津冀地区联防联控协同治理雾霾的现状进行分析后,对比研究了存在中央政府约束与没有中央政府约束下的属地治理与合作治理的博弈模型,分析了影响京津冀实现"常态化"跨域协同治理的因素,指出要依靠中央政府的协调、控制,建立相应的机制来加强京津冀合作联盟治理的稳固性[140]。

综上所述,已有大量学者运用博弈论的思想对环境污染治理问题进行研究,但他们的分析主要是基于两两主体间的博弈行为,多元主体的多方博弈研究还相对比较少。雾霾的发生是多种因素共同造成的,雾霾的治理涉及到中央政府、地方政府、企业、公众等多个主体,在治理过程中,会存在着多元利益冲突,各个主体会基于自己利益的考虑不断地调整自己的策略,直到经过多次的相互作用,不再对此作出调整,才能达到均衡状态。因而本书在前面学者研究的基础上,尝试用博弈论的思想来研究雾霾污染的问题。

2.1.4.3 跨域治理相关研究

20世纪40年代跨域合作治理开始兴起,早期主张通过采取地区合并组建巨型政府的方式来解决区域性公共事务,但是实施起来有很大困难。于是公共选择理论倡导采取多中心治理和地方政府竞争的市场机制,然而这种方式没法有效解决平等公正问题。后来,新区域主义提出不同层级政府、非政府组织、私营机构间的合作协商实现多元治理和层级治理,跨域治理理论成为研究的热点[141]。

（1）跨域治理的概念

随着治理理论的发展,跨域治理作为公共管理理论的一部分开始逐渐地引起了国内外学者们的关注,也成为了政府解决跨域公共问题的新的治理模式。关于跨域治理中"域"的概念,当前学术界有两种不同的解释。第一种观点是基于政治地理学的视角,从行政区划或地理空间的角度来界定跨域的内涵,由两个或两个以上的行政区为解决跨域问题时,协同合作而产生的治理模式,称之为跨区域治理,其主要表现形式为跨中央与地方或者跨地方与地方。陶希东等指出,在现代行政边界的约束下,面对跨界公共问题时,可以通过设置超越地方政府权限的协调管理组织,通过谈判、协商等方式来建立新型政府间关系,进行跨界处理[142];申剑敏等从地理空间的角度出发,认为跨域治理包括了城市大都市治理、地方治理、区域治理、空间治理等,强调了某个特定的地理区域内,政府之间、政府与非政府组织之间合作治理的过程[143]。

第二种观点是基于组织管理学的视角来界定跨域的内涵,强调两个或两个以上的组织因解决公共事务或公共问题而产生的合作与治理,即为跨组织治理。张成福(2012)将跨域治理概括为这样一种管理方式:"两个以上的治理主体,包括政府(中央政府和地方政府)、企业、非政府组织和公众,出于对公共利益和公共价值的追求,共同参与和管理公共事务的过程"[144]。林长波等认为跨域治理是指两个或两个以上的不同部门、组织或者地区,基于共同的利益,从利益协调的角度,通过协力合作、社区参与、契约协议等方式,为实现整体区域的和谐稳定而形成相互合作的关系[145]。

综合以上两种观点,可以看出,随着全球化的发展、区域一体化的不断推进,地区间的联系越来越密切,区域公共事务也越来越多,传统的治理模式早就无法运用于新的公共事务管理,作为一种新型治理模式,跨域治理应运而生,成为解决区域公共事务的有效途径。不管是基于行政区划的角度,还是跨组织的角度,跨域治理都特别强调多主体联合治理的特征,要求打破行政区划和组织界线,综合使用多种治理方式,建立多元关系的治理结构,共享利益共担风险,促进跨域公共事务的有效治理,其本质是各治理主体之间利益关系的博弈与协调,达到良好的治理效果。因此,本书中跨域治理指的是:由两个或两个以上的治理主体,包括政府、企业、社会组织等多元主体,为解决当前的公共事务,进行谈判、协商、合作,实现对公共事务的联合治理。根据治理主体不同又可具体分为两种类型:一种是横向层面的水平型合作治理,即平行政府间的合作治理;二是纵向层面的垂直型跨组织合作治理,包括政府(中央政府和地方政府)、企业、公众之间的合作治理。

（2）跨域治理实现路径方面的研究

关于跨域治理的实现路径,有的学者提出要以集体行动理论作为跨域治理的主导,通过产权界定的方式或者给予国家或政治力量等外在权威来实现制度变迁,推动跨域治理(Olson M,1971；Wade R,1987)[146-147]；O Toole 指出要针对不同的跨域治理政策,提出不同的应对策略[148]；Sullivan 将跨域治理理论应用在公共服务领域,对于雾霾污染的跨域治理具有较好的参考价值[149]。Taijun J 指出要打破原有行政区划的制度安排,重塑利益格局,对可能出现的博弈困境建立合作的"重复博弈"的合作理念,建立良好的沟通渠道及双边和多边谈判等机制来实现合作管理[150]；Timothy James 进行实地考察后,发现促使地方政府严格管理的方法就是各主体要进行有效地合作[151]。May 和 Williams 总结了英国跨域合作治理成功的经验,指出 20 世纪末环境保护体系的发展主轴就是各级政府之间的环境共享治理[152]；Hill M. 和 Hupe P. 认为需要"多重治理框架"的方法来解决治理过程中的复杂性和问责制的问题,对政策"阶段"的关注需要使用更复杂的政策决策相互关联或嵌套的方式来代替[153]。Tim Forsyth 比较分析了跨域环境合作治理的成功经验和失败案例,提出跨域环境合作治理需要多元主体共同参与联合治理[154]。Erik Nielsen 通过对四个详细案例的研究分析指出,复杂的组织间网络对中国的政策和决策施加了"官僚主义"影响,中国正在逐步改变其跨界自然资源管理方式[155]。Bangdiwala S I 指出制度标准化、平等协作是保证跨域治理成功的关键[156]。20 世纪 80 年代,我国才开始进行以公共管理为基础的区域治理的研究,后来将其应用于环境污染的治理。但受到行政区划的制约、经济发展水平的差异,跨域环境管理遇到很多的问题,如区域内地方政府之间的利益协调、责任分担等问题[157-159]。郎友兴指出,中国环境跨界污染之所以频频发生而无法有效解决的根本问题是现行分割的行政体制[157]；胡建华认为水污染治理中多头领导的现象会使得各级地方政府之间、各部门之间协调配合工作难度加大,应用协同理论构建水污染跨域治理模式,构建协作、竞争、制衡三大机制,推动水污染跨域协同治理效应的提高[158]；姜玲提出,地方政府碎片化管理是合作治理的难题,为了有效地推进跨域大气污染合作治理,关键在于进行横向整合,建立地方政府间责任分担机制[159]。为此,学者们提出建立跨域合作组织,在某一定程度上让渡行政管理管辖权。彭玉宝通过分析长江流域跨域特点,提出应建立多元参与、互济合作的多元共治网络,推动多元治理的发展[160]；何炜认为只有构建"五位一体"的利益协调机制,通过"经济、政治、文化、社会和生态"等全方位的利益协调,来保障跨域治理有效地实施[161]。梁甜甜等指出作为环境治理重要主体的政府与企业,应该充分发挥各自优势,积极探索环境共治路径[162]。范永茂分析了科层、契约和网络三种元机制的特点,对以不同比例融合而成的科层主导型治理模式、契约主导型治理模式、网络主导型治理模式进行了比较,认为"要从合作治理本身的属性和公共问题自身的属性出发,根据特定的公共问题选择最适合的治理模式[163]。"随着治理理论的发展,越来越多的学者逐渐认识到跨组织合作在环境治理领域方面的作用。丁煌等指出应该构建多元主体的合作关系,共同参与生态环境治理；梁甜甜等指出作为环境治理重要主体的政府与企业,应该充分发挥各自优势,积极探索环境共治路径[164]。

（3）跨域治理在环境治理方面的应用

环境问题是非常典型的公共事务问题,尤其是河流污染和大气污染,自身具有显著的跨域特点,再加上自然、社会、经济等因素的综合影响,传统单一的行政区划治理的局限性就日益明显,多元主体参与、协同合作的跨域治理模式的优越性就凸显出来了,于是学者们围绕着如何加强治理主体的横向合作进行研究。如杨妍等学者指出"传统的治理方式中地方政府过度依赖中央政府,缺少横向合作机制,随着跨域治理理论的不断深入,地方政府逐渐意识到只靠自己的力量而无法很好的解决水污染问题,于是逐步向"合作治理"方式转变,协商机制则变得越来越重要[165]。"党的十八大以后,随着"国家治理体系和治理能力现代化"内容的提出和深化,党和政府对水污染合作治理高度重视,学者们也开始围绕着如何完善合作体系、扩大其他社会主体的参与问题进行研究,指出跨界环境治理需要建立完善的机制,包括合作机制、协调机制、补偿机制等[166]。赵军庆通过对基于流域尺度的跨界水污染协同治理技术模式与原有治理模式的对比分析,指出"要引用流域尺度设定治理内容,计算区域水污染治理协同度,实现高协同污染治理[167]。"白永亮等指出水流域具有整体性特点,上下游流域的治理目标是不一致的,为了达到综合整治的目标,需要建立完善的生态环境补偿机制,来平衡上下游主体的责任和利益[168]。黄喆指出"应该以立法的形式完善生态补偿的顶层制度设计,综合国家、地区、行业等多个层面共同建立完善生态系统补偿机制,形成政府主导、市场运作、公众积极参与的多元化生态补偿结构。"随着跨界水污染治理研究的进一步深入,学者们认识到任何研究都要用实践来进行检验,于是他们通过对典型案例来进行实践研究,深入剖析研究跨界水污染的产生原因、解决途径[169]。如张振华通过对漳河治理经验的研究指出,"跨界纠纷产生的原因不能简单地认为是政府合作机制的缺失,而是在于合作机制是否真正起到了作用[170]。"朱德米分析了太湖水环境治理的制约因素,指出"社会参与度较低是影响太湖治理效果的关键问题,使用多元政策工具激励企业积极参与太湖水环境综合治理,降低政府与企业环境管理的交易成本,提升企业环境管理的集体行动能力[171]。"

随着经济发展、城镇化的不断推进,雾霾污染问题在全国范围内频发,成为政府与公众极为关注的热点问题。党和国家对此高度重视,相继颁发了《中华人民共和国环境保护法》、《中华人民共和国大气污染防治法》、《大气污染防治行动计划》、《打赢蓝天保卫战三年行动计划》等一系列法律法规、条例计划,出台了各种方案,虽然雾霾治理取得了一定的成效,但是治霾防霾仍是中国当前及以后所面临的主要问题。由于雾霾污染本身存在公共性、跨域性、外部性的特点,其治理涉及政府、企业、社会组织、公众等多元主体利益,因而传统的治理模式已经不再适用,跨域治理成为当前雾霾污染治理的必要选择。国内外学者们也逐渐认识到跨域间的合作治理是解决当前较为严重的雾霾污染问题的必要途径,提出要转变雾霾污染治理观念,治理方式要从非跨域非协同的方式向跨区域协同方向演化[172]。Hahn、Olsson等人指出环境治理中多元主体之间能够有效合作的途径是网络治理,不同利益相关者在进行合作时要考虑到彼此之间的网络关系[173]。陶品竹指出,跨域雾霾污染的治理必须要充分调动治理主体的积极性,实现从属地治理向合作治理模式的转变[174]。王颖等基于跨域治理理论,指出"破解京津冀雾霾污染治理困境要从理念、组织机构及运行机制三方面入手,构建具有多元投资保障、统一碳排放交易、立法协作、有效监督等保障机制的跨界合作治理新模式[175]。"庄贵阳等从分析京津冀协同治理面临的现实挑战入手,指出雾霾治理需要多元主体参与,建立"多中心治理机制"分担治理成本,重新整合各个主体的利益,协调多元主体的利益诉求,促进京津冀雾霾污染联防联控工作顺利有效实施[176]。彭嘉颖以成渝城市圈为例,采用政策文献量化研究方法对城市群大气治理政策绩效进行测算,指出虽然现在城市群内各主体区域跨域合作治理的意识较强,但合作效果却不明显,治理手段仍以命令控制型为主,社会治理、全民共治的程度还不够,提出了跨域大气污染精准化治理共治体系[177]。薛俭指出采用联防联控机制来解决区域大气污染问题已经形成广泛共识,关键在于如何科学确定联防联控的区域范围和治理的优先等级,提出了采用线性回归、聚类分析等方法确定联防联控的子区域范围,建立 TOPSIS—灰色关联综合评价模型确定治理的优先等级,并对京津冀区域进行了验证[178]。周淑芬等指出要联防联控机制的建设不仅要建立区域法律制度、生态补偿机制、激励机制,而且还需要建立内外联动监管机制[179]。戴亦欣等基于制度性集体行动框架,研究了不同协同机制类型及推动要素组合下的机制长效运作的特点[180]。

综上所述,我们可以发现,在跨域环境污染治理的过程中,国内外专家、学者所采取的做法,都与当时的时代发展背景及环境污染特点密切相关的,大多数国内学者对环境污染跨域治理问题的研究与我国各阶段经济发展过程中出现的环境污染的特点紧密相连,而且跨域治理理念的发展具有一定的传递性。随着经济社会的发展,雾霾污染又呈现出新的特点,人们对雾霾污染也有着与以往不同的认识,越来越意识到雾霾污染具有一定的跨域界限的特性,其治理需要多个行政区域、多元主体共同参与。通过对以上文献的梳理和分析,可以为本书的研究奠定良好的基础,也可以为我国雾霾污染的跨域治理研究提高有益的思考。

2.1.4.4　区域协同治理相关研究

（1）协同治理

20 世纪 70 年代,德国物理学家哈肯(Hermann Haken)提出协同学的思想,他认为复杂的系统是由各个相互作用的子系统组成[181]。当系统中各个子系统处于无序状态时,他们之间会相互拆台,影响整体性功能的实现,最终会使得系统处于瓦解状态;而当各个子系统相互配合进行协作时,最终形成的力量会比各个子系统力量的简单相加大很多。因而正是这些子系统之间互相影响、互相竞争,彼此协作,才会使得各个子系统从原本无序的状态,通过自组织的形式逐步向平衡有序的状态演进。协同学已经应用于很多领域的研究。

20 世纪 90 年代,公共管理领域中治理的概念在全球范围内逐步兴起,其主要创始人之一詹姆斯·N·罗西瑙认为:治理是通行于规制空隙之间的那些制度安排,或许更重要的是当两个或更多规制出现重叠、冲突时,或者在相互竞争的利益之间需要调解时才发挥作用的原则、规范、规则和决策程序[182]。格里·斯托克指出:治理的本质在于,它所偏重的统治机制并不依靠政府的权威和制裁,治理的概念是,它所要创造的结构和秩序不能从外部强加;它之发挥作用,是要依靠多种进行统治的以及互相发生影响的行为者的互动[183]。不同的学者基于不同的视角,对治理给出了不同的定义,而在各种定义中,联合国全球治理委员会的表述具有较大的权威性[184]。该委员会在 1995 年对治理给出了如下的定义:"治理是或公或私的个人和机构经营管理相同事务的诸多方式的总和,它是使相互冲突或不同的利益得以调和并且采取联合行动的持续的过程。治理不同于统治,在处理公共事务时,其主体是多元的,包括政府、非政府组织及其他机构,而并非只有政府这一个单方主体[185]。

协同治理理论是以上两种理论基础上进一步发展而来的。威廉·雷吉和詹姆斯·博曼两位学者指出:"在多元主体进行协同治理时,公平是最基本的原则之一,所有参与者在治理过程中都有参与权利授予和权利讨论的权利"[186]。从字面意义上来理解,"协同"指的是协作一致,所有参与主体在公平的基础上进行协作,进行共同的行动来完成一致的目标;"治理"指的是政府、市场、社会与公众等多元主体合力协作,对社会公共事务进行有效处理的过程。协同治理强调的是,在对社会公共事务进行治理的过程中,政府要与其他主体进行相互沟通、协调合作,建立共同的愿景,在此基础上采取必要的行动,最终实现协同的目标。英国学者 D. Miterany 指出政治协调的前提是首先要有经济领域的交流合作,成功的一次合作是下一次合作能够成功的前提；美国学者 Friedman 认为"中心外围论"具有适应性，国内外社会都会出现一个核心地区和许许多多的围绕着中心的周边地区，美国学者 EHaes 提出的外溢，其含义是指各地区在权衡利益的基础上从经济一体化发展到政治一体化的过程。于东山从区域制度创新的视角构建跨界公共物品协同治理系统，认为公共物品供给目标与区域经济发展的非均衡性是造成跨界公共危机的根源[187]。

（2）雾霾污染协同治理

随着我国经济的飞速发展和城镇化进程的加快，能源消费的结构和方式发生了很大的变化，由此产生了越来越多的环境问题，尤其是 2013 年雾霾污染在全国范围内连续高强度爆发，引起了社会的广泛关注，为此中央政府出台了一系列的文件，各地政府也根据自己本地区雾霾污染的特点制定了相应的雾霾治理方案。但是由于雾霾污染具有公共产品的属性，具有显著的地理依赖性、空间效应的溢出性特征，雾霾治理过程中涉及多方主体利益，需要多方主体协调行动，最后达到整体利益最大化的目标。因此，在雾霾治理过程中应用协同治理的思想具有非常重要的意义。为了能够有效地治理雾霾污染，首先需要打破过去各地政府各自为政的属地治理模式，解除行政限制，建立跨区域协同治理的合作模式，各地政府围绕一致性的目标，建立共同行动计划和规则，共同承担合作的责任，共享合作的收益。另外，雾霾治理不能单单依靠各级政府，需要市场、社会公众等多方主体共同参与，治理成本也不能只由政府来承担，要充分发挥市场机制的作用，同时激励公众参与管理监督，这就需要运用协同治理理论来协调环境、经济和社会等多方利益，构建合作机制，实现雾霾治理效应最大化的目标。现有文献中，雾霾污染治理主体主要是政府、企业、消费者等，其中政府主要扮演着防霾治霾主导地位的角色，但要打破"国家或政府中心论"的思想，发挥其公共服务型治理职责。刘华军等指出"地方政府的自利性、空气质量的公共产品属性及治霾主体的构成是造成集体行动困境的根本原因，要从根本上解决这个问题就要建立区域协同治理网络，创新协同治理机制，实行协同防控政策[188]。"Islam 等通过对东南亚国家雾霾污染问题的研究，认为区域协同治理是解决环境问题的关键，是生态经济可持续发展的保证[189]。Quan Y 指出在大气污染协同治理实践中仍然会存在很多的矛盾和问题，因而建立区域合作联盟首先要形成利益协调机制[190]。宁淼等通过分析国外发达国家实施区域空气质量管理的实践，结合本国的实际情况，认为可以将区域大气协同治理的模式分为两大类：一类是自上而下的纵向机构通过行政手段实现区域协同，另一类是基于利益协商的原则，横向组织自发签订减排协议实现区域协同[191]。从长期来看，前者更具有长效性，但从短期来看，以最小的制度成本获得最优治理效果，是当前阶段雾霾污染治理的最佳模式。李建明等分析了长江中游城市群雾霾污染的时空演变特征，指出要加强城市群之间大气污染的协同治理，建立统一的雾霾测度和评估标准，统一治霾的行动准则，来破解雾霾污染"逐底竞争"和"集体行动"的治理困境[192]。杨传明提出要从完善城市群政府协商决策机制、出台科学的协同治理规划、制定雾霾协同治理的具体措施，构建全域的协同治理策略，提升治霾政策效率[193]。柏明国等基于对长三角三省一市雾霾协同治理的演化博弈分析，指出随着区域内各主体协同治理的推进，默契程度不断提升，治理资源与信息能够充分共享，雾霾治理协同收益会随之不断提升[194]。还有的学者从环保税方案对雾霾协同治理影响的角度来研究区域雾霾协同治理问题，指出不同地区政府执行的不同环境规制给污染企业创造了通过跨地转移来回避环境治理的空间[195-197]；沈坤荣等研究发现，地区间环境规制的差异引起了污染物就近转移,地方政府为了辖区内利益最大化而实行的环境规制政策无论是对整体环境的治理还是局部环境的改善都没有产生积极的作用[198]。陈诗一等基于雾霾治理边际成本的视角,研究分析目前需要重点加强协同治理的区域有哪些,如何优化改革环保税制以期提升雾霾协同治理的有效性[199]。

为了更有效地开展雾霾协同治理工作,学者们针对特定区域的协同治理问题基于不同的方法进行了研究,提出有针对性的政策。如京津冀地区、长三角地区、珠三角地区,学者们从京津冀府际协同问题[200]、生态环境协同治理的制约因素[201]、环境协同治理法律模式[202]、协同治理利益补偿机制[203]、协同治理模式[204−205]、构建信息资源共享机制[206]、协同治理绩效评估[207]进行了研究。刘红蕊针对京津冀地区,基于扩展的 Kaya 恒等式,分析了京津冀地区 PM$_{2.5}$ 居高不下的原因,基于情景分析法对未来大气污染的浓度值进行了预测,并提出了协同治理的路径[208]。有的学者针对京津冀大气污染协同治理的整体情况进行了研究,指出当前京津冀雾霾污染协同治理主要针对临时的重大活动而开展的应急式任务驱动型协同,应从协同立法的角度,树立协同思维建立常态化的协同治理机制,从根本上来解决区域雾霾污染问题[209-211]。刘勇基于对长三角城市群 41 个城市雾霾污染影响因素多方面的检验分析,指出在采取联防联控措施时,要协调落实好区域间利益运行机制,充分调动区域内各治霾主体协作治霾的积极性,同时根据雾霾污染空间溢出的方向,有效地针对上风城市进行协作治理,来促使整个区域内协同治霾效应最大化[212]。许悦通过建立消费行为综合评价指标对长三角城市群居民消费行为进行研究,从中遴选出对雾霾污染产生显著性影响的因素,为区域雾霾协同治理的政策的制定提出切实可行的建议[213]。黎亚婷等分析了珠三角地区雾霾污染产生的原因,针对珠三角地区给出了防霾治霾的对策建议[214]。

2.1.5 研究述评

通过梳理国内外学者对雾霾污染治理方面的研究,可以看出随着近几年雾霾污染的频发,学者们对此问题的关注也开始越来越多,研究内容和范围也在不断扩展,这为本书的研究提供了很好的思路。本书在此基础上,主要进行以下几个方面的扩展和探索:

(1)当前对雾霾污染的研究大多围绕雾霾污染的成因、特点、造成的危害进行的,或者针对某个地区雾霾污染问题进行研究。然而雾霾污染问题已经不再是某一单个地区的问题,由于其溢出性会对区域内的空气环境产生非常大的影响。这就意味着只靠一城一地的雾霾治理是难以奏效的,因此本书从空间相关系数的视角验证我国雾霾污染的空间关联特性及演化规律,这些研究会进一步明晰中国雾霾污染在空间上的分布特点及空间依赖性,从"关系数据"的角度来分析雾霾污染的空间关联结构、空间关联的强弱程度,这对于政府制定有效地雾霾污染治理措施及雾霾污染的区域协同治理的研究具有重要的指导意义。

(2)在对影响因素进行分析时,环境规制作为最重要的变量进行研究,从各国雾霾治理的经验来看,政府起着主导作用,面对雾霾污染问题,我国政府也出台了一系列政策,各地政府积极响应中央政府要求,纷纷采取了一系列措施进行环境规制,那么各地政府的环境规制对雾霾污染治理的作用到底如何,成为我们非常关注的问题,我们将其作为最重要的解释变量,来对雾霾污染的影响因素进行研究。

(3)基于多主体研究雾霾污染协同治理问题,基于跨域理论,运用博弈方法,研究不同情形下区域联盟内相邻地方政府在雾霾治理过程中的博弈行为;基于利益相关者理论,研究地方政府和排污企业两个主体在雾霾污染协同治理中的行为策略选择及其影响因素,以提高排污企业在雾霾治理过程中的积极性;进而将研究对象扩展到地方政府、企业和公众三个主体,进一步研究三个有限理性主体在参与雾霾污染协同治理工作的协同收益与支付的治理成本,以期为能够更好地进行雾霾协同治理工作提供好的建议。

2.2 雾霾污染协同治理机制的理论框架

2.2.1 理论依据

2.2.1.1 环境库兹涅茨曲线理论

20 世纪 50 年代,诺贝尔经济学奖获得者库兹涅茨提出了"倒 U 形曲线",即库兹涅茨曲线,用于分析收入分配与经济增长之间的关系。后来,美国经济学家 Grossman 和 Krueger 又将其引用到经济发展和环境污染关系的研究中,在 1995 年提出了著名的"环境库兹涅茨曲线"。根据该理论,当一国的经济发展水平较低时,环境污染的程度也较小,在这种情况下,随着经济发展水平的提高,该国环境污染该国的环境污染水平会随之加剧;但是当经济发展到一定程度后,污染水平又随着经济发展水平的提高呈现下降的趋势,环境污染程度在逐渐降低,环境质量趋于改善。该理论的提出,丰富了环境污染治理方面的研究。本书以该理论为依据,构建了空间计量模型,用来分析雾霾污染的影响因素,其基础公式为:

$$\ln Y = \beta_0 + \beta_1 \ln GDP + \beta_2 \ln^2 GDP + \beta_3 \ln X + \varepsilon, \varepsilon \sim N(0, \sigma^2) \qquad (2-1)$$

其中,Y 为解释变量;X 为控制变量;ε 为随机误差项;$\ln GDP$、$\ln^2 GDP$ 分别为人均经济发展水平及其平方项。根据后面的分析,如果雾霾污染存在空间溢出性,通过向该模型中引入环境规制、经济发展水平、产业结构、对外开放水平、城镇化水平、交通基础设施、人口密度等反映政府行为、企业发展、公众社会活动的指标,构建同时包含空间滞后内生变量和外生变量的空间杜宾模型,其基本形式为:

$$Y_{it} = \rho W_{ij} Y_{jt} + X_{it} \beta + \theta W_{ij} X_{jt} + \mu_i + \lambda_t + \varepsilon_{it} \qquad (2-2)$$

该模型中,Y_{it} 为被解释变量;X_{it} 为解释变量矩阵;W_{ij} 为空间权重矩阵;ρ 和 θ 表示空间自回归系数;β 为待估计的参数;μ_i 代表空间效应;λ_t 代表时间效应;ε_{it} 代表误差项。

2.2.1.2 利益相关者理论

20 世纪 60 年代,利益相关者理论在西方国家发展起来,到了 80 年代,Freeman 在其著作《战略管理:利益相关者》中指出,利益相关者是指"能够影响组织目标实现或被组织目标实现过程所影响的人或社会团体"。Freeman 这一定义的提出,极大地丰富了利益相关者的内容,使得该理论的影响迅速扩大,广泛应用于英美等国公司治理的实践中。随着理论的不断发展及分析方法的改进,利益相关者理论不仅仅只应用于企业层面的战略管理中,众多学者已经开始将其广泛用于卫生、教育、环境治理等公共领域的研究,涌现出了大量的学术成果,雾霾污染治理也是其中之一。回顾现有文献,雾霾污染治理的主要利益相关者主要包括政府、企业及社会公众,同时他们也是雾霾污染协同治理的主体。当雾霾污染发生时,参与雾霾污染协同治理的主体之间关系错综复杂。各主体在雾霾污染协同治理过程中的决策行为取决于其在这个过程中利益诉求的满足程度。

2.2.1.3 跨域治理理论

根据文献综述部分对跨域治理理论研究现状的梳理,可以知道目前学术界对跨域的定义包括两个层面:一种层面是基于政治地理学的视角,从行政区划或地理空间的角度来界定跨域的内涵,由两个或两个以上的行政区为解决跨域问题时,协同合作而产生的治理模式,称之为横向跨区域治理,其主要表现形式为跨中央与地方或者跨地方与地方;另一种层面是基于组织管理学的视角来界定跨域的内涵,强调两个或两个以上的组织因解决公共事务或公共问题而产生的合作与治理,即为纵向跨组织治理,其表现形式为政府(中央政府和地方政府)、企业、非政府组织和公众。本书中根据对中国雾霾污染基本态势的分析,可以看出我国雾霾污染整体上呈现出显著的空间分异性特点。由于雾霾的高区域性、高流动性的特点,雾霾污染治理仅靠一地政府的属地管理是不可行的,必须打破原有行政区划的制度安排,重塑利益格局,有效推进地方政府间雾霾污染合作治理;同时,雾霾污染本身存在的公共性、外部性特点,其治理涉及政府、企业、社会公众等纵向多元主体间的利益,因此,本书中界定的跨域治理同时包括了两个方面,一是横向层面的水平型合作治理,即平行政府间的合作治理;二是纵向层面的垂直型跨组织合作治理,包括政府(中央政府和地方政府)、企业、公众之间的合作治理。

2.2.1.4 协同治理理论

从字面意义上来理解,"协同"指的是协作一致,所有参与主体在公平的基础上进行协作,进行共同的行动来完成一致的目标;"治理"指的是政府、市场、社会与公众等多元主体合力协作,对社会公共事务进行有效处理的过程。协同治理强调的是,在对社会公共事务进行治理的过程中,政府要与其他主体进行相互沟通、协调合作,建立共同的愿景,在此基础上采取必要的行动,最终实现协同的目标。根据所界定的协同治理的内涵,结合雾霾污染的特点,雾霾污染的治理是一项错综复杂的系统工程,需要地方政府之间及各级政府、企业和社会公众等多元主体在平等的基础上,实现协同治理,形成彼此之间相互影响、共同协作的组织关系。在这个过程中,地方政府是协同治理行为的主导部门,其主要职责是根据中央政府的要求,与相邻地方政府、企业、社会公众等协同合作,协调各方主体的权利和利益关系,共同完成跨域雾霾污染治理的任务目标。

2.2.2 协同治理机制的理论框架分析

2.2.2.1 协同治理的必要性

根据对我国雾霾污染基本态势的分析,可以看出我国雾霾污染整体上呈现出显著的空间分异性特点。雾霾污染在地理空间上分布不均匀,总体上呈现出"东重西轻、北重南轻"的空间布局;在时间空间上也具有显著差异,冬季雾霾污染范围最广,夏季影响程度最小,春季和秋季居中。虽然近年来雾霾污染整体上得到有效改善,但是受时空因素影响,部分地区雾霾污染仍然非常严重,雾霾污染也从集中连片分布变成零星面状分布。由此,我们可以得知,目前中国仍然存在较为严重的雾霾污染现象,各地政府仍面临较大的雾霾污染治理的压力,而且由于雾霾的高区域性、高流动性的特点,使得其治理难度进一步加大,必须打破区域界线,实行大范围的联防联控和跨域协同治理。

2.2.2.2 协同治理的实现路径

雾霾污染发生时,参与雾霾污染协同治理的主体之间关系错综复杂。各主体在雾霾污染协同治理过程中的决策行为取决于其在这个过程中利益诉求的满足程度。为此,基于利益相关者理论,我们首先分析各个主体的利益诉求及目标,进而分析其利益共同点与利益冲突,构建其协同治理机制。

表 2-4 利益相关者的利益诉求

利益相关者	利益诉求	推动手段
中央政府	打赢蓝天保卫战,使得雾霾污染事件得到有效控制,实现经济高质量发展	政策、控制
地方政府	追求地区经济效益,地方空气质量符合环保要求,积极防控雾霾污染,社会经济效益最大化	监督、激励、惩罚
企业	企业自身发展、绿色技术创新,企业利润最大化、污染排放符合标准	技术创新
社会公众	空气质量符合标准,控制雾霾污染发展态势	绿色生活方式,举报、曝光污染企业

由表 2-4 可以看出,中央政府、地方政府、企业、社会公众等雾霾污染治理主体有着不同的利益诉求,为推动利益目标的达成所采取的手段也不尽相同。其中,中央政府是希望打赢蓝天保卫战,为此,中央政府制定一系列政策,要求各地政府严格执行,来有效控制雾霾污染事件的发生,实现经济的高质量发展;地方政府则追求的是地区社会经济效益最大化,以便得到更多的晋升机会;企业追求的是自身的生存发展,在污染排放符合标准的前提下,实现企业利润最大化;公众追求更高的生活质量,对环保要求越来越高,自身积极采取绿色生活方式,同时对污染企业予以举报或者曝光。

(1)雾霾污染治理主体利益共同点分析

雾霾污染事件的发生,威胁到国家经济社会的稳定,给公众的日常生活造成了极大的不便,威胁着其身体健康。同时,随着雾霾污染事件的频发,也给企业的生产经营活动造成很大的影响。因此,切实改善空气环境质量,有效控制雾霾污染发展的态势,是各个雾霾污染治理主体的共同利益和目标。

(2)雾霾污染治理主体利益冲突分析

在应对雾霾污染治理这一事件上,从总体来说,各个主体的利益是一致的。但是,由于雾霾污染的空间溢出性特点、公共产品的属性,再加上各个主体的社会属性和立场的差异,在雾霾污染协同治理过程中,各主体之间又存在一定的利益冲突。下面从几个方面来具体分析。

① 中央政府和地方政府及地方政府之间

首先,中央政府代表的是党和人民的利益,其所做的决策主要考虑整体和长远利益。为切实改善生态环境,打赢蓝天保卫战,出台了一系列政策及文件,要求地方政府严格执行。地方政府代表的是地区人民的利益,对地区经济社会发展担负着独立的责任。在雾霾污染治理过程中,地方政府可能会因为争取更多的经济利益而有选择地或者延迟执行中央政府的环保政策,主动放松雾霾污染治理的力度,来追求地方经济的快速增长,提高财政收入,以便得到更多的晋升机会。同时,地方政府之间也会存在一定的利益冲突。由于雾霾污染具有公共产品的属性,在开展雾霾污染区域间协作治理时,区域内各地方政府之间会基于各自的利益考虑进行彼此博弈、相互协作而做出选择。一方面,考虑到治霾成本的压力,地方政府可能会做出不治理的选择,而是坐等其他地区雾霾治理的成果;另一方面,地方政府也可能会从长远利益出发,而选择与其他地区政府共同协作来治理雾霾。

② 地方政府和排污企业之间

排污企业是地方区域雾霾治理工作的具体实施者,然而,由于企业"经济人"的属性,其生产经营活动的根本目标是追求利润最大化。如果企业参与雾霾污染治理,那么就要投入大量的物力、财力,以便能够更新改造生产设备,引进绿色技术等,这就会产生雾霾治理成本,当经济效益和治理成本出现矛盾时,可能会使得排污企业会选择消极治理雾霾的策略。这时如果政府不能有效发挥其监督作用时,则势必会提高企业选择消极治理雾霾策略的概率,政府和企业之间在雾霾污染治理上就不能实现有效的协同。

③ 地方政府、企业、社会公众之间

理论框架如图 2-1 所示。

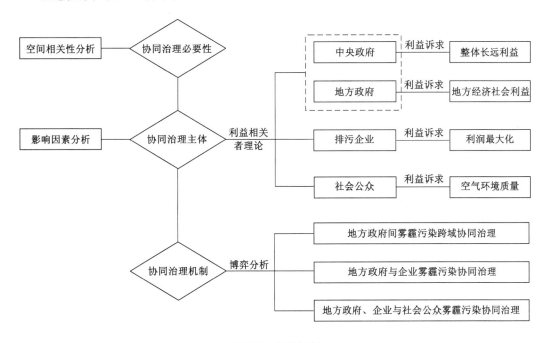

图 2-1　理论框架

随着经济社会的发展,公众对生活质量追求越来越高,其环保意识也在逐步增强,公众逐渐成为雾霾污染治理的重要主体。一方面,公众积极采取绿色环保的生活方式、举报或者曝光企业排污等行为,改善大气环境质量,从而获得一定的公共健康水平收益。另一方面,公众也会产生一定的治理成本。在政府激励措施或约束措施不足的情况下,有时为了追求短期利益,公众也可能会选择随意处理生活垃圾、排放废气、选择不环保的生活方式等行为,加剧了雾霾污染。

基于上述分析,本书构建了雾霾污染协同治理的理论框架。首先通过分析中国雾霾污染的基本态势,从"关系数据"的角度来分析雾霾污染的空间关联结构、空间关联的强弱程度,来说明我国雾霾污染的空间溢出性特征,从而验证雾霾污染协同治理的必要性。其次,通过对雾霾污染溢出效应的实证分析,得出结论政府的环境规制、企业生产、公众的生活方式等是影响雾霾污染的关键因素,从而挖掘出雾霾污染协同治理的主体主要包括中央政府、地方政府、企业及公众。由于雾霾的高区域性、高流动性的特点,雾霾污染治理仅靠一地政府的属地管理是不可行的,必须打破原有行政区划的制度安排,重塑利益格局,有效推进地方政府间雾霾污染合作治理;同时,雾霾污染本身存在的公共性、外部性特点,其治理涉及政府、企业、社会公众等多元主体利益,因此围绕着各治霾主体的利益冲突,通过微分博弈与演化博弈的方法,制定协同规则,研究这些规则对各治霾主体的影响,为解决雾霾污染协同治理问题提供理论支持。

2.3　本章小结

本章对研究雾霾污染方面的相关文献进行了梳理,基于环境库兹涅茨曲线、利益相关者理论、跨域治理理论、协同治理理论,构建了中国雾霾污染协同治理的理论分析框架。本书指出,由于雾霾污染的高区域性、高流动性的特点,雾霾污染治理仅靠一地政府的属地管理是不可行的,必须打破原有行政区划的制度安排,重塑利益格局,有效推进地方政府间雾霾污染合作治理,即横向跨域合作治理;同时,雾霾污染本身存在的公共性、外部性特点,其治理涉及政府、企业、社会公众等多元主体利益,基于利益相关者理论,政府、企业、社会公众作为雾霾污染治理过程中纵向合作治理的主体,在利益的驱动下,他们的行为相互影响、相互制约,其行动共同影响了雾霾污染的治理效果,因而要根据协同治理思想,制定协同规则,研究这些规则对各治霾主体的影响,即纵向协同合作治理,为解决雾霾污染协同治理问题提供理论支持。后文中第 3 章、第 4 章关于中国雾霾污染空间溢出性特点及影响因素的研究是协同治理研究的基础,证实了协同治理的必要性,挖掘出雾霾污染协同治理的主体主要包括中央政府、地方政府、企业及公众;第五章地方政府间雾霾污染跨域协同治理的博弈研究,是从横向层面来实证研究雾霾污染的跨域协同治理,纵向层面的协同治理的研究见第 6 章和第 7 章。

3　中国雾霾污染空间特征分析

3.1　中国雾霾污染的态势分析

雾霾实际上是雾和霾的结合,雾是指空气中存在的大量微小水滴,在空气能见度小于1 km时,会使得能见度下降,但是一般情况下,对身体没有大的危害;而霾则是由于大量细颗粒物悬浮于空气中产生的,会使得空气能见度小于10 km。根据中央气象局的解释,霾的核心物质是悬浮在空气中的灰尘颗粒,在气象学上被称为气溶胶颗粒。国际能源署认为,空气污染主要是霾污染,其主要成分为PM_{10}、$PM_{2.5}$和氮氧化物。其中PM_{10}指的是直径在10 μm以下的颗粒物,又称可吸入颗粒物或飘尘。$PM_{2.5}$指的是每立方米空气中直径小于或等于2.5 μm的颗粒物。该颗粒物的平均宽度大约是人体头发的三十分之一,体积非常小,能够直接进入人的呼吸系统深处,影响肺功能及其结构,因而又被称为可入肺颗粒物或细颗粒物,对人体健康产生不利影响。根据现有的研究,学者们大多采用$PM_{2.5}$或PM_{10}对雾霾污染进行衡量,鉴于数据的可获得性,我们也采用类似的方法,本节的研究主要采用中国空气质量在线监测分析平台公布的各个省份$PM_{2.5}$的浓度数据,进行计算整理分析,对我国雾霾污染的现状进行分析,全面、深入认识我国雾霾污染的状况,分析其特征,为后文提出有效的解决雾霾污染问题做准备。

3.1.1　中国雾霾污染的总体分析

进入21世纪以来,伴随我国工业化及城镇化的发展,我国成为了世界第一大能源消费国。化石能源的消耗引起了非常严重的环境问题,尤其在2013年雾霾污染在全国范围内连续高强度的爆发,引起了大家的广泛关注。为了更好地了解雾霾污染的现状,本书首先从时间上对我国雾霾污染的整体态势进行分析。为此,我们将全国31个省市$PM_{2.5}$年均值的算数平均数作为我国$PM_{2.5}$的年均值,绘制了2000—2021年的雾霾污染$PM_{2.5}$的时间序列图,见图3-1。从图3-1中可以看出,从2000年以来,我国雾霾污染呈现出了波动变化的趋势。

(1)第一阶段。从2000年到2009年,雾霾污染一直呈现波动上升趋势,到2008年才开始缓解,呈现下降趋势。但值得注意的是,虽然这一阶段雾霾污染是上升特点,但是,2000年的$PM_{2.5}$浓度均值为24.16 $\mu g/m^3$,2008年的浓度年均值为28.1 $\mu g/m^3$,这一阶段我国$PM_{2.5}$年均值为27.44 $\mu g/m^3$,均在二级浓度限值以内。

(2)第二阶段。从2010年到2013年,我国雾霾污染$PM_{2.5}$浓度均值都在二级浓度限值以上,而且增长速度很快,到2013年达到峰值,爆发了近五十年来全国范围最为广泛的雾霾污染。在广大群众要求改善空气质量的压力下,我国政府出台了很多控制和减少雾霾污

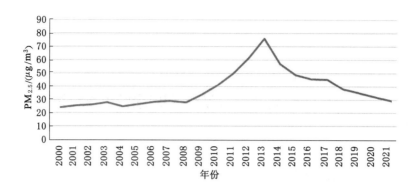

图 3-1　2000—2021 年中国 $PM_{2.5}$ 变动趋势图

染的环境政策,如 2012 年出台了《重点区域大气污染防治"十二五"规划》、2013 年制定的《大气污染防治行动计划》,雾霾污染引起了全社会的广泛关注。

　　(3) 第三阶段。从 2014 年至今,雾霾污染开始出现逐渐下降的趋势,增长率为负值。我国从 2016 年开始实施《环境空气质量标准》(GB 3095—2012),十九大报告中也指出:"坚持全民共治、源头防治,持续实施大气污染防治行动,打赢蓝天保卫战",政府大力治理雾霾的举措取得初步的成效。接下来本节对雾霾污染现状的研究,主要选择以第三阶段为研究对象,分析近年来政府采取一系列措施后中国雾霾污染的状况,对下一步政府应该如何治理雾霾污染,提供更有价值的参考。

　　下面分别从年度、季度、月度三个时间尺度来对 $PM_{2.5}$ 浓度进行分析,所采用的数据主要来源于中国空气质量在线监测分析平台公布的各个省份 $PM_{2.5}$ 的浓度数据。根据《环境空气质量标准》(GB 3095—2012)的定义,春季指三月、四月、五月三个月,夏季指六月、七月、八月,秋季指的是九月、十月、十一月,冬季是十二月、一月、二月。

　　从年度数据来看,2014—2021 年 $PM_{2.5}$ 浓度监测数据统计显示,近 8 年来全国 $PM_{2.5}$ 浓度值整体上呈现下降的趋势。具体来说,2014 年全国 $PM_{2.5}$ 浓度均值为 57.04 $\mu g/m^3$,2015 年全国 $PM_{2.5}$ 浓度均值为 48.88 $\mu g/m^3$,2016 年为 45.51 $\mu g/m^3$,2017 年为 45.13 $\mu g/m^3$,2018 年为 37.84 $\mu g/m^3$,2019 年为 35.22 $\mu g/m^3$,2020 年为 33 $\mu g/m^3$,2021 年为 30 $\mu g/m^3$。这也充分说明了我国政府在 2013 年后大力治理雾霾污染出现了明显的成效。

　　根据世界卫生组织(WHO)公布的关于 $PM_{2.5}$ 浓度的规定,$PM_{2.5}$ 年均值在 10 $\mu g/m^3$ 为安全水平,而我国 2016 年公布了新的《环境空气质量标准》,它把区域分成了两类,一类区适用一级浓度限值,二类区适用二级浓度限值。一、二类环境空气质量要求,见表 3-1。通过对比分析,我们可以看出,我们国家优良空气标准年均浓度要低于 35 $\mu g/m^3$,日均浓度要低于 75 $\mu g/m^3$,仅仅达到世界卫生组织公布的最低目标。因此,虽然这几年 $PM_{2.5}$ 值在下降,达到了优良的标准,但是仍然高于世界卫生组织(WTO)建议的水平,我们也不能认为它对人体就没有伤害了,雾霾污染治理的任务仍然任重而道远。

表 3-1 PM$_{2.5}$ 的空气质量标准

		浓度均值/($\mu g/m^3$)	
		年平均	日平均
WHO 关于 PM$_{2.5}$ 的空气质量标准	准则值	10	25
	过渡时期目标—1	35	75
	过渡时期目标—2	25	50
	过渡时期目标—3	15	37.5
我国 PM$_{2.5}$ 空气质量标准	一区	15	35
	二区	35	75

对 2014—2021 年全国雾霾污染状况按季度统计分析,发现春季、夏季、秋季的 PM$_{2.5}$ 浓度年均值都呈现出每年下降的趋势,冬季呈现波动型下降的趋势。其中夏季的下降幅度最大,而冬季的下降幅度最小,通过对四个季节 PM$_{2.5}$ 浓度的数值比较,我们发现每年雾霾污染均以夏季作为转折点,夏季的 PM$_{2.5}$ 浓度最低,夏季过后,逐渐升高,冬季的 PM$_{2.5}$ 浓度最高,达到峰值后,又逐渐下降,整体上呈现出冬季>春季>秋季>夏季的变化规律。这几年来,全国中度、重度污染总天数的一半以上的时间都集中在冬季,这也证实了雾霾污染与季节有着密切的关系。

从月度上来看,发现从 2014—2021 年,月均 PM$_{2.5}$ 浓度呈现出先降后升的动态趋势,呈现出 U 形特点,每年 U 形曲线的拐点基本出现在 7 月和 8 月,也就是说 7 月、8 月 PM$_{2.5}$ 的浓度最低,最大值出现在 1 月和 12 月,其中,7 月、8 月的空气质量优良率达到 90% 以上,而 1 月和 12 月的空气污染率在 25% 以上。

3.1.2 中国雾霾污染的省际比较分析

2012 年 2 月 29 日,国务院总理温家宝主持召开国务院会议,同意发布新修订的《环境空气质量标准》。在新标准里增加了 PM$_{2.5}$ 8 小时浓度限值监测指标,这是首次将 PM$_{2.5}$ 纳入空气质量标准中。而空气质量状况是用空气污染指数进行评价,它根据空气环境质量标准和各项污染物的生态环境效应及对人体健康的影响来确实指数大小,通过该数值,我们能了解到每天呼吸的空气是清洁的还是污染的,对身体健康有没有影响。根据 PM$_{2.5}$ 监测网的空气质量标准,按照空气污染指数的大小,将空气质量状况划分为了六个等级,即优级、良好、轻度污染、中度污染、重度污染、严重污染,具体见表 3-2。当空气污染指数小于 50 时,空气质量状况为优级;空气污染指数在 50—100,空气质量状况为良好;空气污染指数在 100—150,空气质量状况为轻度污染;空气污染指数在 150—200,空气质量状况为中度污染;空气污染指数在 200—300,空气质量状况为重度污染;空气污染指数在 300 以上时,空气质量状况为严重污染。

表 3-2　空气质量划分标准

级别	指数范围	空气质量状况
I	API≤50	优
II	50＜API≤100	良好
III（1）	100＜API≤150	轻度污染
III（2）	150＜API≤200	中度污染
IV	200＜API≤300	重度污染
V	API＞300	严重污染

从每年 PM$_{2.5}$ 年均浓度最大值和最小值来看,最大值主要集中在河南、河北等地区,这些地区是雾霾污染相对严重的地方,经济增长速度较快,重工业占比较高,能源消费结构不合理等问题,致使雾霾污染水平较高;最小值主要集中在海南、西藏、云南等省份,这些地区雾霾污染相对较轻,这与这些地区的产业结构、地理位置、气候条件有着密切的关系。例如海南,地处中国最南端,属于热带季风气候,一直有"天然大温室"的美称,光温充足,雨量充沛,第三产业比重约为 60%,而重工业比重很低,因而海南的气候,一直都保持着良好的状态。

2014 年,雾霾污染 PM$_{2.5}$ 年均浓度最大的地区为河北,最大值为 91.83 $\mu g/m^3$,年均浓度最小的地区为海南,最小值为 19.83 $\mu g/m^3$;2019 年,雾霾污染 PM$_{2.5}$ 年均浓度最大的地区为河南,最大值为 60.08 $\mu g/m^3$,年均浓度最小的地区为西藏,最小值为 10.42 $\mu g/m^3$。2014 年,雾霾污染 PM$_{2.5}$ 的年均浓度小于 35 $\mu g/m^3$ 的省份有海南、西藏、云南;2019 年,雾霾污染 PM$_{2.5}$ 的年均浓度小于 35 $\mu g/m^3$ 的省份有西藏、海南、云南、青海、贵州、福建、广东、内蒙古、黑龙江、甘肃、广西、浙江、吉林、宁夏、四川、江西。从下降速度来看,从 2014 年到 2019 年,年均下降速度最快的五省市包括湖北、青海、西藏、贵州、北京,下降速度较慢的五省市包括新疆、山西、河南、海南、江西,这些省市中除了海南省,其他省份雾霾污染的基数较大,但降低的幅度较小,雾霾污染状况仍不容忽视。

表 3-3　2014—2019 年我国 31 省市雾霾污染 PM$_{2.5}$ 浓度统计

年份	平均值	最大值	最小值	标准差	最大值地区	最小值地区
2014	57.04	91.83	19.83	16.84	河北	海南
2015	48.88	79.83	18.83	15.1	北京	海南
2016	45.51	72.50	16.83	14.34	河南	海南
2017	45.14	71.83	17.25	14.53	河南	海南
2018	37.84	61.33	17.42	10.97	河南	西藏
2019	35.22	60.08	10.42	11.31	河南	西藏

3.1.3　三大区域雾霾污染的比较分析

我们把全国划分为东、中、西部三大区域,其中东部区域包括北京、天津、河北、辽宁、上海、江苏、浙江、福建、山东、广东、海南,中部区域包括山西、吉林、黑龙江、安徽、江西、河南、湖北、湖南,西部区域包括内蒙古、广西、重庆、四川、贵州、云南、西藏、陕西、甘肃、青海、宁夏、新疆。整体上看,从2014年到2019年,三大区域$PM_{2.5}$浓度都表现出逐渐下降的趋势;从各个区域历年雾霾污染$PM_{2.5}$年均浓度来看,中部地区雾霾污染最为严重,东部地区次之,西部地区的雾霾污染最轻。中部地区历年来$PM_{2.5}$浓度均值为51.56 $\mu g/m^3$,东部地区历年来$PM_{2.5}$浓度均值为45.47 $\mu g/m^3$,西部地区历年来$PM_{2.5}$浓度均值为39.12 $\mu g/m^3$,而全国的$PM_{2.5}$年均浓度均值为44.94 $\mu g/m^3$。由此可以看出,中部和东部地区$PM_{2.5}$年均浓度均值都在全国$PM_{2.5}$浓度均值以上,只有西部地区$PM_{2.5}$年均浓度均值低于全国平均数值。从下降速度来看,中部地区2014年$PM_{2.5}$的年度浓度均值为66.71 $\mu g/m^3$,2019年$PM_{2.5}$年度浓度均值为41.60 $\mu g/m^3$,下降速度为35.70%;东部地区2014年$PM_{2.5}$的年度浓度均值为59.21 $\mu g/m^3$,2019年$PM_{2.5}$年度浓度均值为36.21 $\mu g/m^3$,下降速度为38.84%;西部地区2014年$PM_{2.5}$的年度浓度均值为49.94 $\mu g/m^3$,2019年$PM_{2.5}$年度浓度均值为30.04 $\mu g/m^3$,下降速度为39.85%。

表3-4　2014—2019年中国三大区域雾霾污染 $PM_{2.5}$ 浓度统计

年份	东部地区	中部地区	西部地区
2014	59.21	64.71	49.94
2015	52.78	55.19	41.11
2016	47.12	50.74	40.55
2017	45.17	54.08	39.15
2018	38.33	43.04	33.94
2019	36.21	41.6	30.04

具体来看,东部地区的河北、天津、北京等省市空气污染最为严重,而这些省市的经济发展程度相对来说较高,工业水平发达,尤其是重工业比重较高,重工业发展过程中出现的高能耗、高污染的生产特点,导致向空气中排放了大量的工业废气、工业粉尘,而这正是$PM_{2.5}$的重要来源,由此看出,粗放型的经济增长方式带来了严重的雾霾污染。同时,中东部地区人口密集,这也进一步加剧了能源消耗的总量,给环境带来不利的影响。西部地区经济发展水平相对落后,人口稀少,因而从总体上来看,空气环境质量较好。但是,近几年我国政府也出台了一系列政策支持西部经济的发展,在这个过程中也会不可避免地面临经济增长与环境污染之间的协调问题,如何协调好二者之间的关系,避免出现东中部经济发展过程中的环境问题,保护生态环境,更好地促进西部地区健康、可持续发展。

3.2　中国省域雾霾污染的空间效应分析

上述研究从全国层面、区域层面及省际层面上对中国雾霾污染的时空分布特征进行了描述性的统计分析,结果表明中国的雾霾污染形势依然严峻,在时间和空间上都存在着显著的分异性特征。根据中国生态环境状况公报统计,从2015年开始,全国338个地级以上城市全部开展空气质量新标准监测。监测结果显示,近几年全国地级以上城市平均优良天数比例在逐渐上升,以$PM_{2.5}$为首要污染物的比重也在下降,但依然占比较高,在首要污染物排名中一直居于首位,见下表3-5。其中,2019年,全国337个地级以上城市平均优良天数比例为82%，超标天数比例为18%，从首要污染物来看，以$PM_{2.5}$、O_3、PM_{10}、NO_2、和CO为首要污染物的超标天数分别占总超标天数的45%、41.7%、12.8%、0.7%和不足0.1%，没有出现以SO_2为首要污染物的超标天。根据环境空气质量综合指数评价，环境空气质量较差的城市依次是安阳、邢台、石家庄、邯郸、临汾、唐山、太原、淄博、焦作、晋城、保定、济南、聊城、新乡、鹤壁、临沂、洛阳、枣庄、咸阳和郑州，这些城市彼此相邻，主要集中在河南、河北、山东等省份，地理位置在我国内陆地区，气候比较干燥，是我国重工业发展的聚集地，污染排放较为严重；人口分布比较密集，人口密度较大，人们在日常生活中排放的各种废弃物，都会给环境带来很大的污染。可以看出，雾霾污染的形成与特定地区的经济发展、人类的社会活动、自然条件、地理位置、气候条件等密切相关，而且还会通过风力的作用，通过大气环流将某个地区的雾霾传递到相邻的地区，雾霾污染的空间效应明显。为验证雾霾污染是否存在空间上的溢出效应，我们采用空间统计分析方法来进一步研究。空间统计分析方法是近年来学者们用来研究某一事物的空间分布特点时广泛采用的方法，用来考察研究对象的不同观测值在同一个区域内潜在的彼此依赖程度，这称之为空间相关性。而探索性空间数据分析方法是一种能够较好地识别研究对象在某一位置上的数据与其他位置上数据之间关系的统计方法，如果从整体角度出发来进行研究，则被称为全局空间相关性；如果从局部角度来进行研究，则被称为局部空间相关性。那么接下来，本节就从空间相关系数的视角进一步验证从2000年以来，我国31省市雾霾污染的空间关联特性及演化规律，省际层面相邻地区的雾霾污染是否存在空间相关性，雾霾污染水平的空间分布格局如何？这些研究会进一步明晰中国雾霾污染在空间上的分布特点及空间依赖性，从"关系数据"的角度来分析雾霾污染的空间关联结构、空间关联的强弱程度，这对于政府制定有效地雾霾污染治理措施及雾霾污染的区域协同治理的研究具有重要的指导意义。

表 3-5 首要污染物日均值超标天数占监测天数比重

指标 年份	$PM_{2.5}$/%	PM_{10}/%	O_3/%	NO_2/%	CO/%	SO_2/%
2015	17.5	12.7	4.6	1.6	0.5	0.7
2016	14.7	10.4	5.2	1.6	0.4	0.5
2017	12.4	7.1	7.6	1.5	0.3	0.3
2018	9.4	6.0	8.4	1.2	0.1	0.02
2019	8.1	7.5	2.3	0.12	0.02	0

3.2.1 研究方法

3.2.1.1 空间权重矩阵的设定

（1）0～1矩阵

在空间相关性分析设定空间权重矩阵时，二进制邻接矩阵是应用最广泛的矩阵，它包括一阶邻接矩阵和高阶邻接矩阵两种[215]。一阶邻接矩阵假定两个地区相邻时，才会产生空间关联，也就是说，当相邻的两个地区i和j相邻时，用1表示，否则用0表示。其计算方法又分为两种，即 Rook 邻接、Queen 邻接。Rook 邻接指的是两个地区只有存在公共边界时，才能看作为相邻空间；Queen 邻接指的是两个地区有公共的边或共同的顶点，都可以定义为相邻，因而对相邻地区空间的邻接关系表达得更周全。本书就以 Queen 方法来构建空间邻接矩阵。其表达式为：

$$W_{1,ij} = \begin{cases} 1 & i \text{ 与 } j \text{ 相邻} \\ 0 & i = j, \text{ 或 } i \text{ 与 } j \text{ 不相邻} \end{cases} \tag{3-1}$$

（2）地理空间权重矩阵

根据地理学第一定律，单位间的空间相关性随着距离的增加而逐渐减少，雾霾污染亦是如此。距离越远的省份，对本省雾霾污染的影响越小；距离越近的省份，对本省雾霾污染的影响越大。因此，在借鉴以往文献的基础上，我们根据反距离矩阵构建空间相关性权重矩阵 W_2，其元素 $W_{2,ij}$ 用 i 地区与 j 地区省会城市间最近公路里程数的倒数表示，公式如下：

$$W_{2,ij} = \begin{cases} \dfrac{1}{d_{ij}} & i \neq j \\ 0 & i = j \end{cases} \tag{3-2}$$

其中，d_{ij} 表示 i 地区与 j 地区省会城市间最近公路里程数。

（3）地理与经济距离的嵌套权重矩阵

研究中，如果只以地理距离或者经济距离作为权重，可能会存在一定的片面性，为此我们构建了地理经济距离嵌套的空间权重矩阵，其元素用相邻地区省会城市最近公里里程的倒数与某地区人均 GDP 年均值占所有地区人均 GDP 年均值比重的乘积。其公式为：

$$W_{3,ij} = \begin{cases} W_{2,ij} * D_i & i \neq j \\ 0 & i = j \end{cases} \tag{3-3}$$

其中，$W_{1,ij}$ 代表地理距离矩阵，D_i 表示人均 GDP 占所有地区人均 GDP 均值的比重，其计算公式为：$D_i = \dfrac{\overline{Y_i}}{\overline{Y}}$。$\overline{Y_i}$ 是考察期内 i 地区人均 GDP 的平均值，$\overline{Y}$ 是考察期内所有地区人均 GDP 的平均值。通过经济距离嵌套权重矩阵的计算公式我们发现，该矩阵是非对称矩阵，相对发达地区对较不发达地区的空间影响更大一些，这跟区域之间的相互影响是不对称的实际是吻合的，因而选用该权重矩阵更贴近现实。

3.2.1.2 全局空间自相关

判断所分析的事物是否存在空间自相关性，是进行空间计量分析的前提条件。为了对雾霾污染的空间溢出性进行深入研究，我们首先判断相邻区域的雾霾污染的空间自相关性，这也是为后面进行空间计量分析提供了前提条件。目前，对所研究事物空间自相关性的分析主要使用探索性空间数据分析方法（analytic methods，ESDA）包括全局空间自相关法和局部空间自相关法。全局空间自相关法主要采用 Moran's I 指数，其计算公式如下：

$$\text{Moran's I} = \frac{n \sum\limits_{i=1}^{n} \sum\limits_{j=1}^{n} W_{ij} (x_i - \bar{x})(x_j - \bar{x})}{\sum\limits_{i=1}^{n} \sum\limits_{j=1}^{n} W_{ij} \sum\limits_{i=1}^{n} (x_i - \bar{x})^2} = \frac{\sum\limits_{i=1}^{n} \sum\limits_{j=1}^{n} W_{ij} (x_i - \bar{x})(x_j - \bar{x})}{S^2 \sum\limits_{i=1}^{n} \sum\limits_{j=1}^{n} W_{ij}}$$

$$S^2 = \frac{\sum_{i=1}^{n}(x_i - \bar{x})^2}{n} \text{ 为样本方差}, \bar{x} = \sum x_i / n \qquad (3\text{-}4)$$

其中,I 指的是 Moran's I 指数,x_i、x_j 分别是地区 i 和地区 j 的观测值,也就是各个省市 $PM_{2.5}$ 的年均浓度值,W_{ij} 是空间权重矩阵,n 是样本数,S^2 是变量的方差,$\bar{x}$ 是所有省市 $PM_{2.5}$ 年均浓度的均值。Moran 指数 I 的取值范围为 $[-1,1]$,当 Moran's I 为正数时,说明雾霾污染存在空间正相关关系,具有正的空间溢出效应,也就是说,如果某省份雾霾污染比较严重,那么其相邻的省份雾霾污染也比较严重,如果某省份雾霾污染比较轻微,那么其相邻的省份雾霾污染也比较轻微;当 Moran's I 为负数时,说明雾霾污染存在空间负相关关系,具有负的空间溢出效应;当 Moran's I 为 0 时,说明雾霾污染空间分布是随机的,不存在空间相关性。

3.2.1.3 局部空间自相关

全局 Moran's I 指数反映了雾霾污染整体空间相关特征,但对于每个省市雾霾污染的集聚程度和属性却无法分析,为此,我们采用局部 Moran's I 指数,研究区域内某省市与其相邻省市雾霾污染浓度的局域相关性。计算公式如下:

$$I_i = \frac{(x_i - \bar{x})}{S^2} \sum_{j \neq i} W_{ij}(x_i - \bar{x}) \qquad (3\text{-}5)$$

式中,I_i 是局部 Moran's I 指数,当 I_i 大于 0 时,区域内相邻省份具有相似的属性,即高-高集聚(H-H)或低-低集聚(L-L),当 I_i 小于 0 时,区域内相邻省份具有相异的属性,即高-低集聚(H-L)或低-高集聚(L-H)。

3.2.1.4 莫兰散点图

全局 Moran's I 指数整体上分析雾霾污染的空间相关特征,但对于各个省市雾霾污染的空间布局却无法具体分析,这就需要绘制莫兰散点图,能够更直观地看出样本内某一省份其雾霾污染水平与相邻省市的局部关联性。莫兰散点图的绘制方法如下:首先计算在特定时期内每一个省份雾霾污染水平的平均值,然后对其进行标准化,得到变量 z;根据选择的空间权重矩阵,计算与变量 z 相对应的空间滞后变量 Wz,最后以 z 和 Wz 作为横轴和纵轴来绘制散点图。当大部分省份落于第一象限和第三象限时,表明雾霾污染具有正的空间相关性。进一步地,位于第一象限时表示高污染地区被高污染地区包围(H-H),位于第三象限时表示低污染地区被低污染地区包围(L-L)。当大部分省份落于第二象限和第四象限时,表明雾霾污染具有负的空间相关性。进一步地,位于第二象限时表示低污染省市被高污染省市包围(L-H),位于第四象限时表示高污染地区被低污染地区包围(H-L)。

3.2.2 结果分析

3.2.2.1 全局空间自相关结果分析

由全局空间相关性检验结果可以得知,不管是 0-1 矩阵(W_1),还是反距离矩阵(W_2)或者是经济距离权重矩阵(W_3),雾霾污染的全局莫兰指数都通过了 1% 的显著性水平检验,而且莫兰指数值均大于 0。

表 3-6　2000—2017 年中国雾霾污染浓度的全局莫兰(Moran's I)指数

年份	0-1 矩阵(W_1)			反距离矩阵(W_2)			经济距离矩阵(W_3)		
	I 值	Z	P-value	I 值	Z	P-value	I 值	Z	P-value
2000	0.372	3.701	0.000	0.096	2.893	0.004	0.078	1.661	0.007
2001	0.347	3.470	0.001	0.135	3.774	0.000	0.157	2.835	0.005
2002	0.368	3.655	0.000	0.13	3.656	0.000	0.147	2.698	0.007
2003	0.419	4.141	0.000	0.17	4.573	0.000	0.218	3.76	0.000
2004	0.338	3.404	0.001	0.126	3.581	0.000	0.168	3.009	0.003
2005	0.407	4.040	0.000	0.132	3.719	0.000	0.164	2.965	0.003
2006	0.399	3.979	0.000	0.178	4.763	0.000	0.246	4.203	0.000
2007	0.448	4.421	0.000	0.16	4.353	0.000	0.203	3.552	0.000
2008	0.392	3.910	0.000	0.151	4.147	0.000	0.214	3.715	0.000
2009	0.375	3.763	0.000	0.155	4.243	0.000	0.226	3.894	0.000
2010	0.38	3.793	0.000	0.13	3.678	0.000	0.164	2.965	0.003
2011	0.418	4.141	0.000	0.169	4.552	0.000	0.235	4.021	0.000
2012	0.384	3.828	0.000	0.139	3.876	0.000	0.181	3.211	0.001
2013	0.413	4.112	0.000	0.176	4.717	0.000	0.241	4.128	0.000
2014	0.364	3.648	0.000	0.148	4.074	0.000	0.198	3.474	0.001
2015	0.432	4.270	0.000	0.174	4.667	0.000	0.242	4.124	0.000
2016	0.432	4.273	0.000	0.19	5.025	0.000	0.261	4.424	0.000
2017	0.401	3.973	0.000	0.157	4.275	0.000	0.208	3.616	0.000

表 3-7　2000—2017 年中国雾霾污染浓度的全局 Geary's C 统计值

年份	0-1 矩阵(W_1)			反距离矩阵(W_2)			经济距离矩阵(W_3)		
	I 值	Z	P-value	I 值	Z	P-value	I 值	Z	P-value
2000	0.538	−3.472	0.000	0.753	−3.402	0.001	0.680	−2.507	0.001
2001	0.496	−3.889	0.001	0.729	−3.918	0.000	0.725	−2.275	0.000
2002	0.481	−4.006	0.000	0.724	−3.997	0.000	0.711	−2.402	0.002
2003	0.434	−4.184	0.000	0.747	−3.378	0.001	0.757	−1.841	0.000
2004	0.489	−3.781	0.001	0.726	−3.639	0.000	0.725	−2.078	0.000
2005	0.485	−3.760	0.000	0.775	−2.932	0.000	0.795	−1.513	0.001
2006	0.424	−4.114	0.000	0.787	−2.673	0.008	0.846	−1.084	0.007
2007	0.447	−3.992	0.000	0.781	−2.797	0.005	0.785	−1.542	0.003
2008	0.461	−3.896	0.000	0.786	−2.740	0.006	0.832	−1.210	0.004
2009	0.449	−3.888	0.000	0.795	−2.512	0.012	0.870	−0.893	0.005
2010	0.479	−3.779	0.000	0.790	−2.707	0.007	0.810	−1.379	0.004
2011	0.438	−4.087	0.000	0.790	−2.723	0.006	0.836	−1.200	0.006
2012	0.472	−3.856	0.000	0.763	−3.091	0.002	0.759	−1.774	0.001

表3-7(续)

年份	0-1 矩阵(W_1)			反距离矩阵(W_2)			经济距离矩阵(W_3)		
	I 值	Z	P-value	I 值	Z	P-value	I 值	Z	P-value
2013	0.441	-3.961	0.000	0.801	-2.469	0.014	0.863	-0.949	0.007
2014	0.501	-3.655	0.000	0.779	-2.904	0.004	0.812	-1.396	0.004
2015	0.444	-4.034	0.000	0.787	-2.751	0.006	0.827	-1.260	0.003
2016	0.419	-4.189	0.000	0.801	-2.531	0.011	0.871	-0.992	0.005
2017	0.482	3.870	0.000	0.797	-2.760	0.006	0.859	-1.090	0.006

具体来看,在0-1矩阵下,莫兰指数的取值范围在0.342—0.448之间,全局Geary's C统计值在0.419—0.538之间;在反距离矩阵下,Moran's I指数的取值范围在0.096—0.178之间,全局Geary's C指数的取值范围在0.724—0.801之间;在经济距离权重矩阵下,Moran's I指数的取值范围在0.078—0.261之间,全局Geary's C指数的取值范围在0.680—0.871之间。这充分说明了我国雾霾污染确实存在着明显的空间正相关性,存在着显著的空间全局集聚效应。

3.2.2.2 局部空间自相关结果分析

上面从整体上对空间相关性进行了分析研究,结果证实我国雾霾污染在总体上存在着明显的空间溢出性,为了进一步分析不同省市之间空间聚集模式,本部分进一步利用局部空间相关性的分析方法,绘制了0-1矩阵、反距离矩阵下的莫兰散点图,分析2000—2017年雾霾污染浓度局域空间自相关性。限于篇幅,我们选取2000、2009、2013、2017年的莫兰散点图来进行对比分析,其横轴代表标准化的雾霾污染浓度值,纵轴代表雾霾污染浓度的空间滞后值,具体见图3-2。从图上可以看出,在0-1矩阵下,2000、2009、2013、2017年各观测点位于高污染集聚区(H-H)、低污染集聚区(H-H)的比例分别是80.6%、77.4%、80.6%、83.9%,在反距离矩阵下,2000、2009、2013、2017年各观测点位于高污染集聚区(H-H)、低污染集聚区(H-H)的比例分别是77.4%、67.7%、74.2%、74.2%。由此看出,在不同年份不同权重下,我国大多数省份都处于莫兰散点图的第一、三象限,说明大多数地区都是空间正相关,只有很少比例的省份处于第二、第四象限。山西、陕西、湖南等省份会有所变动,其他绝大部分省份变动情况较少。

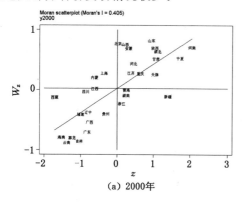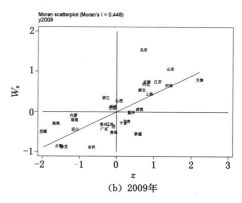

(a) 2000年　　　　　　(b) 2009年

图3-2　0-1矩阵下2000、2009、2013、2017年中国各省市$PM_{2.5}$的莫兰散点图

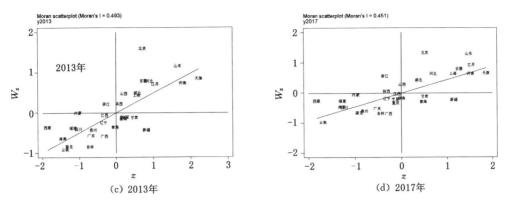

图 3-2(续)

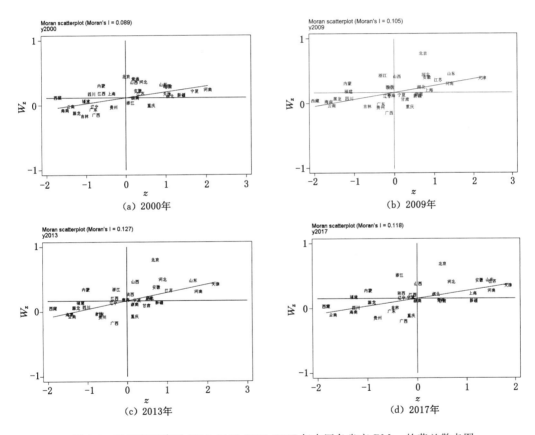

图 3-3　反距离矩阵下 2000、2009、2013、2017 年中国各省市 PM$_{2.5}$ 的莫兰散点图

　　为了更加清晰地分析每个省市雾霾污染空间分布情况,我们以 0-1 矩阵为例,根据莫兰散点图中各个象限的结果,将其汇总到表 3-8 中,可以发现,高-高集聚型区域(H-H 型)主要集中在山东、北京、天津、河北、河南、江苏、安徽、上海、湖北、山西等省市,重庆、甘肃、宁夏、陕西等地区曾经也属于高污染集聚区,后来从 2005 年以后从该区域退出;2008 到 2012 年间湖南的污染也属于高-高集聚型区域,2013 年以后退出该区域。总体上来看,2000 年之

后,京津冀、苏鲁豫皖沪等省市一直处于高污染集聚区,这说明这些地区雾霾污染的空间集聚效应非常明显,而且处于相对稳定的状态。低-低集聚型区域(L-L)主要包括广东、广西、海南、云南、福建、江西、贵州、辽宁、黑龙江、吉林等省市。浙江省长期处于低-高型区域,浙江省自身的雾霾污染程度较低,空气环境比较好,但与其临近的地区属于高排放俱乐部,污染程度较为严重,这可能会有两种结果出现,一种是污染程度较重的地区可能会影响污染程度较轻的地区,从而变为高污染区;另一种情况就是污染程度较轻的地区会给相邻地区带来积极影响,有助于周围环境的优化。因而,如何加强区域间的联防联控,积极合作,共同改善环境,是需要引起重视的问题。

表 3-8 0-1 矩阵下 2000—2017 年莫兰散点图对应的地区

年份	高-高集聚区	低-低集聚区	低-高集聚区	高-低集聚区
2000	山东、北京、天津、河北、河南、江苏、安徽、湖北、陕西、山西、重庆、甘肃、宁夏、青海	广东、广西、海南、云南、福建、江西、贵州、辽宁、黑龙江、吉林	上海、内蒙、四川、西藏	湖南、新疆、浙江
2001	山东、北京、天津、河北、河南、江苏、安徽、湖北、陕西、山西、重庆、甘肃、宁夏、上海	广东、广西、海南、云南、福建、江西、贵州、辽宁、黑龙江、吉林、西藏、四川、浙江	内蒙	湖南、新疆、青海
2002	山东、北京、天津、河北、河南、江苏、安徽、湖北、陕西、山西、重庆、甘肃、宁夏、上海	广东、广西、海南、云南、福建、内蒙、贵州、辽宁、黑龙江、吉林、西藏、四川	浙江、江西	湖南、新疆、青海
2003	山东、北京、天津、河北、河南、江苏、安徽、湖北、陕西、山西、重庆、甘肃、宁夏、上海	广东、广西、海南、云南、福建、内蒙、贵州、辽宁、黑龙江、吉林、西藏、四川	浙江、江西	湖南、新疆、青海
2004	山东、北京、天津、河北、河南、江苏、安徽、湖北、湖南、江西、重庆、上海	广东、广西、海南、云南、福建、内蒙、贵州、辽宁、黑龙江、吉林、西藏、四川	浙江、山西、陕西	宁夏、青海、新疆、甘肃
2005	山东、北京、天津、河北、河南、江苏、安徽、湖北、浙江、江西、重庆、湖南、上海、山西	广东、广西、海南、云南、福建、内蒙、贵州、辽宁、黑龙江、吉林、西藏、四川、青海	陕西	甘肃、宁夏、新疆
2006	山东、北京、天津、河北、河南、江苏、安徽、湖北、陕西、山西、上海	广东、广西、海南、云南、福建、内蒙、贵州、辽宁、黑龙江、吉林、西藏、四川、青海、江西	浙江	甘肃、宁夏、新疆、湖南、重庆
2007	山东、北京、天津、河北、河南、江苏、安徽、上海、湖北、湖南、重庆、陕西、山西	广东、广西、海南、云南、福建、内蒙、贵州、辽宁、黑龙江、吉林、西藏、四川、青海	浙江、江西	甘肃、宁夏、新疆
2008	山东、北京、天津、河北、河南、江苏、安徽、上海、湖北、湖南	广东、广西、海南、云南、福建、内蒙、贵州、辽宁、黑龙江、吉林、西藏、四川	浙江、陕西、山西、江西	甘肃、宁夏、新疆、重庆、青海

表 3-8(续)

年份	高-高集聚区	低-低集聚区	低-高集聚区	高-低集聚区
2009	山东、北京、天津、河北、河南、江苏、安徽、上海、湖北、湖南、山西	广东、广西、海南、云南、福建、内蒙、贵州、辽宁、黑龙江、吉林、西藏、四川、青海	浙江、陕西、江西	甘肃、宁夏、新疆、重庆
2010	山东、北京、天津、河北、河南、江苏、安徽、上海、湖北、湖南、重庆	广东、广西、海南、云南、福建、内蒙、贵州、辽宁、黑龙江、吉林、西藏、四川	浙江、陕西、山西、江西	甘肃、宁夏、新疆、青海
2011	山东、北京、天津、河北、河南、江苏、安徽、上海、湖北、湖南、山西、陕西、重庆	广东、广西、海南、云南、福建、内蒙、贵州、辽宁、黑龙江、吉林、四川、青海、宁夏	浙江、江西	甘肃、新疆
2012	山东、北京、天津、河北、河南、江苏、安徽、上海、湖北、湖南、重庆、山西	广东、四川、海南、云南、福建、内蒙、贵州、辽宁、黑龙江、吉林、西藏	浙江、陕西、江西	甘肃、宁夏、新疆、青海、广西
2013	山东、北京、天津、河北、河南、江苏、安徽、上海、湖北、山西、陕西	广东、广西、海南、云南、福建、内蒙、贵州、辽宁、黑龙江、吉林、西藏、四川、青海、江西	浙江	湖南、重庆、甘肃、宁夏、新疆
2014	山东、北京、天津、河北、河南、江苏、安徽、上海、湖北	广东、广西、海南、云南、福建、内蒙、贵州、辽宁、黑龙江、吉林、西藏、四川、重庆、宁夏	浙江、陕西、山西、江西	甘肃、新疆、青海、湖南
2015	山东、北京、天津、河北、河南、江苏、安徽、上海、湖北、山西	广东、广西、海南、云南、福建、贵州、黑龙江、吉林、西藏、重庆、宁夏、青海、四川	浙江、陕西、内蒙、江西	甘肃、新疆、辽宁、湖南
2016	山东、北京、天津、河北、河南、江苏、安徽、上海、湖北、山西	广东、广西、海南、云南、福建、内蒙、贵州、辽宁、黑龙江、吉林、西藏、四川、重庆、江西、宁夏	浙江、陕西	甘肃、新疆、青海、湖南
2017	山东、北京、天津、河北、河南、江苏、安徽、上海、湖北、山西	广东、广西、海南、云南、福建、内蒙、贵州、辽宁、黑龙江、吉林、西藏、四川、重庆、江西、湖南	浙江、陕西	甘肃、新疆、青海

3.3　本章小结

通过对中国雾霾污染基本态势的分析,可以看出中国雾霾污染整体上呈现出显著的空间分异性特点。雾霾污染在地理空间上分布不均匀,总体上呈现出"东重西轻、北重南轻"的空间布局;在时间空间上也具有显著差异,冬季雾霾污染范围最广,夏季影响程度最小,春季和秋季居中。虽然近年来雾霾污染整体上得到有效改善,但是受时空因素影响,部分地区雾霾污染仍然非常严重,雾霾污染也从集中连片分布变成零星面状分布。

在此基础上,本章又从空间相关系数的视角来验证空间相关性的存在,创建了空间邻接矩阵、反距离矩阵、经济距离权重矩阵,从全局和局部两个角度,分别使用全局空间莫兰指数检验了我国省际雾霾污染的全局空间相关性,使用局部莫兰指数检验了我国省际雾霾污染的局部空间相关性,并采用局部空间自相关的莫兰散点图来进行更直观的分析,得出以下结论:

(1) 从全局来看,不管是空间邻接矩阵(0-1 矩阵)还是反距离矩阵或者是经济距离权重矩阵,雾霾污染的全局莫兰指数都通过了 1% 的显著性水平检验,这充分说明了我国雾霾污染存在显著的空间溢出效应。从具体数值来看,在空间邻接矩阵下,莫兰指数的取值范围在 0.342—0.448 之间,Geary's C 指数的取值范围在之间 0.419—0.538 之间;在反距离矩阵下,莫兰指数的取值范围在 0.096—0.178 之间,Geary's C 指数的取值范围在 0.724—0.801 之间;在经济距离权重矩阵下,指数的取值范围在 0.078—0.261 之间,Geary's C 指数的取值范围在 0.680—0.871 之间。从总体趋势上来看,2000 年以来,全局空间莫兰指数每一年都大于 0 且数值在不断地增大,这充分说明了我国的雾霾污染存在显著的空间相关性,且这种相关性在不断地增大,相邻地区间的相互影响也在逐渐增强。

(2) 从局部来看,通过对莫兰散点图进行分析,可以看出在不同年份不同权重下,我国 80% 以上的省市都处于莫兰散点图的第一、三象限,说明大多数地区都是空间正相关,只有很少比例的省份处于第二、第四象限。山西、陕西、湖南等省份会有所变动,其他绝大部分省份变动情况较少,因而这进一步说明全国各省市的雾霾浓度存在明显的空间溢出效应,而且从长期来看,具有稳定性。由此,我们可以得知,目前中国仍然存在较为严重的雾霾污染现象,各地政府仍面临较大的雾霾污染治理的压力,而且由于雾霾的高区域性、高流动性的特点,使得其治理难度进一步加大,必须打破区域界线,实行大范围的联防联控和跨域协同治理。

4　中国雾霾污染空间溢出效应分析

4.1　问题描述

在前面的研究中,我们得知,中国的雾霾污染确实存在显著的空间正相关性。接下来,我们进一步构建空间计量模型,实证分析雾霾污染空间溢出效应的具体因素,从而识别挖掘影响我国雾霾污染的关键因素。雾霾天气的发生,除了自然因素外,更要归因为政府、企业、公众等社会主体的社会经济活动。从各国雾霾治理的经验来看,政府起着主导作用,面对雾霾污染问题,我国政府也出台了一系列政策,各地政府积极响应中央政府要求,纷纷采取了一系列措施进行环境规制,那么各地政府的环境规制对雾霾污染治理的作用到底如何,成为我们非常关注的问题,我们将其作为解释变量,来对雾霾污染的影响因素进行研究。在以往的文献中,由于研究视角的不同,对当前影响我国雾霾污染因素所选取的指标也不同,本书在借鉴前人研究的基础上,从中国目前的实际出发,从环境规制、经济发展水平、产业结构、人口、交通基础设施、城镇化、对外开放水平等方面来构建空间计量面板模型,研究他们对我国雾霾污染程度的影响水平如何? 为后文解决雾霾污染治理问题奠定基础。

4.2　雾霾污染影响因素的选择及机理分析

20 世纪 70 年代,美国的生态学家 Ehrlich 和 Holdren 提出了 IPAT 模型,用来研究人口、人均财富及技术对环境的影响问题,其公式为:

$$I = PAT \tag{4-1}$$

其中,I、P、A、T 分别表示环境压力、人口规模、人均财富和技术进步。

由于该模型中,影响因素只能是单调、等比例的变化,为解决此问题,Dietz 和 Rosa 在该模型基础上提出了 STIRPAT 模型,其面板数据模型的基本公式为:

$$I_{it} = aP_{it}^{b}A_{it}^{c}T_{it}^{d}e \tag{4-2}$$

该公式中,I、P、A、T 代表的含义与 IPAT 方程一样,a 表示为模型的系数,b、c、d 为待估计的参数,e 表示误差项。两边取自然对数后,公式如下:

$$\ln I_{it} = a + b\ln P_{it} + c\ln A_{it} + d\ln T_{it} + \ln e \tag{4-3}$$

STIRPAT 模型是一个包含多变量的非线性模型,允许纳入更多的因素来分析其对环境的影响,因此,鉴于以往学者的研究,结合本书的研究目的,我们将环境规制、经济发展水平、产业结构、交通基础设施、城镇化、对外开放水平等因素纳入到模型中,来研究这些因素对雾霾污染的影响。具体分析如下:

4.2.1　被解释变量

本章的研究目标是我国省际雾霾污染空间的空间溢出效应,因而被解释变量就是雾霾污染。我们首先要选取相关指标来代表雾霾污染的程度大小。根据当前研究,国内外学者们用来衡量雾霾污染的指标比较多,比如 SO_2、CO_2、NO_x、PM_{10}、$PM_{2.5}$ 等。Maddison 以二氧化硫、氮氧化物作为主要指标,来对欧洲诸多国家的空气治理情况进行研究[217]。Bilge Özbay 则选取 SO_2、PM_{10} 来对雾霾污染的情况进行分析[23]。国内学者马丽梅等、潘慧峰等、邵帅等采用 $PM_{2.5}$ 来表示雾霾污染水平。本书也选择 $PM_{2.5}$ 来代表我国各省市雾霾污染水平。

2012 年 2 月,生态环境部与国家质量监督检验检疫总局联合发布了国家环境质量标准《环境空气质量标准》,到了 2013 年,全国 113 个环境保护重点城市和环保模范城市才开始监测 $PM_{2.5}$ 数据,2015 年所有地级市才开始开展 $PM_{2.5}$ 的统计。因此,考虑到国内数据统计时间较晚,本章分析中所用的 $PM_{2.5}$ 数据主要来自华盛顿大学的 Atmospheric Composition Analysis Group 对全球的表 $PM_{2.5}$ 浓度测算的数据。2010 年,加拿大达尔豪斯大学的两位研究人员根据美国国家航空航天局(NASA)的卫星监测仪的监测结果,绘制了首张显示 $PM_{2.5}$ 平均值的地图,该地图显示,全球 $PM_{2.5}$ 浓度最高的地区分布在北非、东亚和中国的华北、华东、华中地区[218]。该研究结果的数据与我国环保部对中国雾霾污染情况的分析基本吻合,所以本章在空间面板分析中使用的 $PM_{2.5}$ 数据就来源于此。由于此研究中心采集的 $PM_{2.5}$ 的数据集原始格式是栅格数据,因此本书首先利用 ArcGis 9.3 对其进行相应处理,最终得到 2000—2017 年中国 31 个省市(不包括港澳台地区)$PM_{2.5}$ 浓度的年均值。

4.2.2　解释变量

① 环境规制。雾霾污染带有典型的公共产品的属性,单纯地只靠企业或者公众,治理起来会非常困难,因而政府的主导作用十分关键。环境规制对雾霾污染的影响体现在三个方面:一是通过政府的命令型环境规制手段,如采取市场准入、制定严格的环保标准等,直接限制一切引起雾霾污染产生的活动;二是通过制定污染税费、绿色补贴等市场手段,影响企业的生产行为,进而对环境产生影响;三是通过对社会公众的合理引导,使得公众向绿色环保的生活方式发生转变;本书选用环境规制这一指标,来表示各地政府对雾霾污染的治理程度,考察一下目前政府的环境规制政策对雾霾污染的治理是否奏效,未来需要怎么调整来完成雾霾治理的目标。但是如何衡量环境规制的大小,学术界还没有权威的直接测量的指标或者统一的做法,他们基于不同的研究目的,采用不同的衡量方式。博京燕采用地区污染投诉率、失业率和人口密度等指标来评价环境规制水平[219],朱平芳等构建反映雾霾污染程度的环境规制指标时,选取和雾霾污染关系较大的三种气体(二氧化硫、氮氧化物、烟粉尘)排放量,分别计算其去除率,然后将去除率标准化,乘以权重相加,这样计算得出地区衡量环境规制强度的数值[220];原毅军等使用污染治理投资来对其进行评价[221]。考虑到雾霾污染与工业企业生产过程中排放的污染物相关,还有研究时间内数据的可获得性,本书参考学术界的普遍做法,使用工业污染治理投资额来代表环境规制,它反映了各个地区政府对雾霾治理的重视程度。为了更好地跟其他地区进行对比,反映环境治理的动态变化,本书采取环境规制强度这一指标,也就是用各个地区的工业污染治理投资额与全国各个省市工业污染治理

投资额的平均值的比重,来衡量地方政府的环境规制水平。其计算方法为:

$$ER_{it} = PG_{it}/PG \tag{4-4}$$

其中,ER_{it} 表示 i 地区在第 t 年的相对环境规制水平,PG_{it} 表示 i 地区在第 t 年的工业污染治理投资额,PG 是 t 年度全国各省市工业污染治理投资额的平均值。当 ER_{it} 大于 1 时,说明该地区相对其他地区来说,环境规制强度较高;当 ER_{it} 小于 1 时,说明该地区相对其他地区来说,环境规制强度较低。

通过将 2000 年与 2017 年各地区的环境规制水平进行对比,可以清楚地看出各地区环境规制水平的变化情况,具体结果见表 4-1。我们发现,从 2000 年到 2017 年,各地区环境规制水平上升幅度最大的地区是山东省,2000 年其环境规制强度是 3.24,2017 年环境规制水平为 5.14,上升了 1.87,这说明山东省近几年来对雾霾污染问题的高度重视,加大投资力度来治理污染问题。另外,环境规制水平较高的地区有上海、江苏、浙江、福建、河南、山西、陕西等。其中,江浙沪等地处于东部沿海,经济发展水平较快,居民收入水平较高,政府也更加注重生态环境,因此环境规制强度较高。河南、山西、陕西等地工业化水平较高,工业污染排放较为严重,政府下大决心治理环境,积极引进新的技术,改进生产工艺,工业污染治理投资力度加强,环境规制处于较高的水平。环境规制水平下降幅度最大的地区是东北地区,包括辽宁省、吉林省、黑龙江省,究其原因,东北地区一直是我国最重要的能源基地和重工业基地,2018 年辽宁省规模以上工业增加值增速保持全国第三位,为建设工业强省,实现工业新跨越,黑龙江省则将工业提高到占全省经济总量的 35% 以上作为发展目标,吉林省的第二产业增加值占比更是高达 42.5%。尽管近几年来,东北三省都加大了工业污染治理投资的总额,但是仍然不能完全削弱重工业的发展,动摇其支柱产业的地位,所以环境规制强度在下降。

表 4-1　环境规制相对强度指数及其变动

地区	2000	2017	指数变化	地区	2000	2017	指数变化
北京	0.75	0.71	−0.04	湖北	1.10	0.79	−0.31
天津	1	0.36	−0.64	湖南	0.71	0.39	−0.32
河北	0.97	1.56	0.59	广东	2.16	1.91	−0.25
山西	1.27	2.34	1.07	广西	0.95	0.34	−0.61
内蒙古	0.72	1.92	1.2	海南	0.09	0.16	0.07
辽宁	1.56	0.59	−0.97	重庆	0.43	0.28	−0.15
吉林	1.45	0.41	−1.01	四川	1.09	0.58	−0.51
黑龙江	1.44	0.41	−1.03	贵州	0.31	0.24	−0.07
上海	1.42	2.04	0.62	云南	0.89	0.27	−0.62
江苏	1.70	2.04	0.34	西藏	0.01	0	−0.01
浙江	2.89	1.68	−1.21	陕西	0.57	0.78	0.21
安徽	0.73	1.18	0.45	甘肃	0.83	0.34	−0.49
福建	0.73	0.67	−0.06	青海	0.05	0.07	0.02
江西	0.34	0.48	0.14	宁夏	0.24	0.39	0.15
山东	3.27	5.14	1.87	新疆	0.29	0.61	0.32
河南	1.04	2.30	1.26				

② 经济发展水平。以各个地区的人均 GDP 来表示,为剔除价格因素影响,以 2000 年为基期,对历年人均 GDP 数据进行平减,计算得到实际人均 GDP。Kuznets 在研究经济发展与收入差距变化关系时,首次提出了倒 U 形曲线假说,在这个基础上,Grossman 和 Krueger 研究了环境质量与经济发展之间的关系[222],1993 年 Panayotou 将这种关系称为环境库兹涅茨曲线(EKC)[223]。国内也有很多学者对环境污染与经济发展是否呈现 EKC 曲线关系也进行了研究[31]。本书也借鉴他们的做法,对雾霾污染与经济发展之间是否存在库兹涅茨倒"U"型关系进行验证,因此,我们引入人均 GDP 的平方项,用 GDP^2 来表示。雾霾天气的发生与我国经济发展方式有着密切的联系,粗放的经济发展方式会带来雾霾污染现象的发生,而经济高质量发展必然要求降低雾霾污染,这就要求借助环境规制手段来助推经济高质量发展,从根本上解决雾霾污染问题。

③ 城镇化水平。城镇化水平的提高,会对雾霾污染带来较大的压力。一方面,城镇化的发展带来了工业的迅速发展,促进了工业能源消费的提高,能源的过度消耗,势必会带来较大的雾霾污染;另一方面,城镇化的发展,使得人们的生活方式发生了很大的改变,对衣、食、住、行的要求越来越高,因而汽车拥有量的增加、居住面积的增加、消费数量的增加都可能会给环境带来较大的压力。本书用各个省市城镇人口占常住人口的比重来衡量城镇化水平。

④ 产业结构。2000 年以来,我国产业结构发生了很大的变化。在过去,由于工业化的发展,第二产业在我国经济发展中一直占据重要地位。但近年来,第三产业总量不断扩大,在国民经济中占比不断提高,就业人数持续上升,2012 年第三产业占国民经济比重首次超过第二产业,成为带动经济发展、提高就业水平的最为重要的力量。从其内部构成来看,传统服务业比重在逐渐降低,新兴的高端现代服务业不断发展,结构不断优化。当产业结构向服务业等绿色产业进行转变时,势必会使得交通运输、能源的需求结构发生改变,雾霾污染水平就会降低。在研究产业结构对雾霾污染水平影响时,现有的文献,大多都选择以重化工业为代表的第二产业的占比来进行分析,他们认为随着工业化的发展,工业增加值占 GDP比重的提高会加剧雾霾污染,尤其当重工业(如化学和冶金工业)快速发展并严重依赖消耗煤炭和其他化石燃料时,会造成三废等污染物的大量排放,增加空气中雾霾污染物的浓度,从而造成雾霾污染水平的提高。而伴随着中国经济的发展,第三产业占国民经济中的比重越来越高,经济增长由过去依靠资源、劳动力向技术要素转变,更加集约化、绿色化、可持续发展。也有少部分学者提出了在环境规制的作用下,第三产业的发展有助于绿色经济的发展,那么第三产业发展是否会对降低雾霾污染产生作用,结论还不知道。为此,本书选用第三产业增加值占国民经济的比重,来研究第三产业的发展与雾霾污染之间的关系。

⑤ 对外开放水平。从 20 世纪 70 年代开始,国际贸易对环境的影响问题开始引起学术界的关注,到了 90 年代,相关的研究成果逐渐丰富起来。有的学者提出"污染光环"的假说,认为当环境规制严格时,通过对外贸易引入绿色生产技术,能够降低环境污染[224];有的学者提出"污染天堂"假说,认为当环境规制放松时,发达国家会通过对外贸易将污染密集型产业转移到发展中国家[225-226];Grossman 与 Krueger 基于环境库兹涅茨曲线的研究,提出了"环境三效应",即规模、结构、技术效应,进一步丰富了贸易与环境问题的研究。由此可见,环境规制的强弱,会通过影响对外开放水平来间接影响雾霾污染的治理效果。本书选取我国各省市历年对外贸易额来衡量对外开放水平的程度。

⑥ 交通基础设施。交通基础设施的建设对雾霾污染的治理可能会产生正反两个方面的影响。交通基础设施本身不会对雾霾带来直接影响,但是作为区位经济的影响因素,通过影响区域经济的集聚水平或其他间接方式,对雾霾污染产生影响[227-228]。长期来看,加大交通基础设施的建设,意味着会在某种程度上提高道路的通畅能力,有效地解决交通拥堵现象,提高路网系统的支撑力,从而抑制由于车速低速行驶时造成的雾霾污染。而且随着公共交通设施的完善,居民会更倾向于选择更为环保的出行方式,从而有利于降低雾霾污染。短期内,随着交通基础设施的建设,区域经济之间的联系会更加密切,消费需求会日益增长,交通的便利,会进一步刺激居民汽车拥有量和使用量的增长,当二者增长速度没有匹配时,会加重雾霾污染的排放。程奕佳等的研究认为交通基础设施对经济会产生规模、结构和技术三种效应,较低水平的交通基础设施建设会导致环境污染;随着交通基础设施高水平的建设,会使得结构和技术效应超过规模效应,从而改善环境。本书采用各省市年末实有道路长度来代表交通基础设施的建设情况来进行分析。

⑦ 人口密度。人口集聚水平不同,会给雾霾带来不同的影响。雾霾污染的发生,也会在一定程度上对人口的迁入和迁出发生影响。因此,我们采用人口密度来衡量人口的集聚程度,人口密度用各省市年末人口数除以各个地区行政区划面积来计算。

4.3　实证分析

4.3.1　空间计量模型的构建

20世纪后期,空间计量经济学才开始出现,随着新经济地理理论的发展,学者们提出地理空间存在着集聚和扩散效应,这会对经济带来一定的影响,空间计量经济学也因此被广泛关注起来。一般来说,空间面板模型的具体形式包括三种,即空间滞后模型(Spatial Lag Model,SAM)、空间误差模型(error model,SEM)、空间杜宾模型(Spatial Durbin Model,SDM)。倘若空间面板模型里包括了空间滞后变量,则构成空间滞后模型,其基本形式为:

$$Y_{it} = \rho W_{ij} Y_{jt} + X_{it}\beta + \mu_i + \lambda_t + \varepsilon_{it} \tag{4-5}$$

其中,Y_{it}为被解释变量;X_{it}为解释变量矩阵,W_{ij}为空间权重矩阵;ρ表示空间自回归系数;μ_i代表空间效应;λ_t代表时间效应;ε_{it}代表误差项。

空间误差模型表示某空间单位的误差项会受到相邻空间单位误差项的影响,它假设空间误差项服从空间自回归,其基本形式为:

$$Y_{it} = X_{it}\beta + \mu_i + \lambda_t + \varphi_{it}, \varphi_{it} = \rho W_{ij}\varphi_{it} + \varepsilon_{it} \tag{4-6}$$

在这两种模型的基础上,LeSage(2008)、LeSage和Pace(2009)[216]构建了空间杜宾模型,该模型可以同时包括空间滞后内生变量和外生变量,其基本形式为:

$$Y_{it} = \rho W_{ij} Y_{jt} + X_{it}\beta + \theta W_{ij} X_{jt} + \mu_i + \lambda_t + \varepsilon_{it} \tag{4-7}$$

该模型中,Y_{it}为被解释变量;X_{it}为解释变量矩阵;W_{ij}为空间权重矩阵;ρ和θ表示空间自回归系数;β为待估计的参数;μ_i代表空间效应;λ_t代表时间效应;ε_{it}代表误差项。由于空间杜宾模型里同时包括了空间滞后因变量和空间滞后自变量,能更好地研究因变量受到本地区自变量、相邻地区因变量和自变量的影响,而本书的研究目标旨在分析雾霾污染及其影响因素对相邻地区雾霾污染的影响,因此,选用杜宾模型更满足本书研究的需要。

另外,一般来说,在进行空间分析之前,可以先建立非空间线性回归模型,对其进行验证,分析其是否能够扩展为具有空间交互效应的模型,此非空间线性回归模型的形式为:

$$Y_{it} = X_{it}\beta + \varepsilon_{it} \tag{4-8}$$

4.3.2　变量说明

根据上述雾霾污染的影响因素分析,本书以雾霾污染作为被解释变量,其水平大小用 $PM_{2.5}$ 浓度数据来进行衡量,环境规制、经济发展水平、产业结构、城镇化水平、对外开放水平、人口密度、交通基础设施等变量为解释变量。各变量的具体说明见表 4-2。

表 4-2　变量的具体说明

变量名称	变量符号	衡量方式	单位
雾霾污染	PM	各地区 $PM_{2.5}$ 浓度	$\mu g/m^3$
环境规制	ER	各地区工业污染治理投资总额在所有地区工业污染治理投资总额的比重	%
经济发展水平	GDP	以 2000 年为基期,对人均地区生产总值进行平减	元
产业结构	IS	第三产业增加值在国民生产总值中的占比	%
人口密度	POP	年末人口总数占行政区划面积	%
交通基础设施	ROAD	各地区年末实有道路长度	公里
城镇化水平	Urb	城镇人口占总人口的比重	%
对外开放水平	Trade	各地区对外贸易额	亿美元

本书的样本选取为 2000—2017 年中国 31 个省市自治区,除了雾霾浓度数据以外,解释变量的数据来源于《中国统计年鉴》《中国环境统计年鉴》《新中国六十年统计资料汇编》以及各省市历年统计年鉴。为消除计量模型可能存在的异方差问题,各变量进行了自然对数处理。各变量的描述性统计如表 4-3 所示。

表 4-3　变量的描述性统计

变量	符号	Obs	Mean	Std. Dev.	Min	Max
$PM_{2.5}$	ln PM	558	3.520 823	0.532 576 9	1.554 012	4.436 747
环境规制	ln ER	558	1	0.905 550 1	0.000 825 7	5.511 456
人均 GDP	ln GDP	558	9.750 617	0.736 071 2	7.886 833	11.578
人均 GDP^2	ln GDP^2	558	95.615 37	14.380 88	62.202 13	134.050 1
产业结构	ln IS	558	0.425 235 3	0.084 436 5	0.296 191 4	0.806 034 9
人口密度	ln POP	558	5.271 55	1.483 458	0.742 402 6	8.256 035
基础设施	ln ROAD	558	1.866 527	0.237 567 5	1.196 931	2.881 187
城市化	ln Urb	558	0.490 976 1	0.153 067 6	0.196	0.896
对外贸易	ln Trade	558	5.153 184	1.890 038	−0.053 189 8	9.298 188

回归之前我们先讨论各自变量之间的相关性,发现除人均 GDP 和其平方项外,其他各变量的相关系数均小于 0.8,然后采用最小二乘法(OLS)对模型进行估计,发现每个变量的

方差膨胀因子（VIF）均小于 3 ,远远小于临界值 10,基于上述两种方法可以初步判断模型不存在多重共线性的问题,具体见表 4-4。

表 4-4　变量的相关性检验及方差膨胀因子(VIF)

	VIF	ln PM	ln GDP	ln ER	ln IS	ln POP	ln ROAD	ln Urb	ln Trade
ln PM	—	1							
ln GDP	1.58	0.268 3***	1						
		(0.000 0)							
ln ER	1.37	0.295 2***	0.222 0***	1					
		(0.000 0)	(0.000 0)						
ln IS	1.69	−0.061 5	0.417 6***	−0.193 9***	1				
		(0.146 9)	(0.000 0)	(0.000 0)					
ln POP	1.59	0.480 8***	0.402 3***	0.351 3***	0.175 8***	1			
		(0.000 0)	(0.000 0)	(0.000 0)	(0.000 0)				
ln ROAD	1.53	0.287 3***	0.329 1***	0.412 7***	−0.078 2*	0.450 9***	1		
		(0.000 0)	(0.000 0)	(0.000 0)	(0.064 8)	(0.000 0)			
ln Urb	2.71	−0.095 2**	−0.386 2***	−0.012 5*	−0.076 7*	−0.005 4	0.054**	1	
		(0.024 6)	(0.000 0)	(0.068 0)	(0.070 3)	(0.898 1)	(0.022 5)		
ln Trade	2.44	0.024 9	−0.301 2***	0.022 3*	−0.169 4***	0.013 5	0.047 3**	0.749 2***	1
		(0.557 8)	(0.000 0)	(0.069 9)	(0.000 1)	(0.750 0)	(0.034 4)	(0.000 0)	

注:( )内的值是 P 值。*、**、*** 分别说明在 10%、5%和 1%水平上显著。—表示没有内容。

因而根据研究的需要,我们建立如下空间杜宾模型来进行基准回归分析。

$$\mathrm{PM}_{it} = \rho W_{ij}\mathrm{PM}_{jt} + \beta_1\mathrm{ER}_{it} + \beta_2\mathrm{GDP}_{it} + \beta_3\mathrm{GDP}_{it}^2 + \beta_4\mathrm{IS}_{it} + \beta_5\mathrm{POP}_{it} +$$
$$\beta_6\mathrm{ROAD}_{it} + \beta_7\mathrm{UR}_{it} + \beta_8\mathrm{TR}_{it} + \theta_1 W_{ij}\mathrm{ER}_{it} + \theta_2 W_{ij}\mathrm{GDP}_{it} +$$
$$\theta_3 W_{ij}\mathrm{GDP}_{it}^2 + \theta_4 W_{ij}\mathrm{IS}_{it} + \theta_5 W_{ij}\mathrm{POP}_{it} + \theta_6 \theta W_{ij}\mathrm{ROAD}_{it} +$$
$$\theta_7 \theta W_{ij}\mathrm{Urb}_{it} + \theta_8 W_{ij}\mathrm{Trade}_{it} + \mu_i + \lambda_t + \varepsilon_{it} \tag{4-9}$$

PM 表示雾霾污染水平,其他解释变量的含义跟上面表 4-2 里的解释一样;i,t 分别表示不同年份不同地区的数值;ρ 为空间自相关系数;β_1,β_2,β_3,β_4,β_5,β_6,β_7,β_8,θ_1,θ_2,θ_3,θ_4,θ_5,θ_6,θ_7,θ_8 为待估系数;W_{ij} 为空间权重矩阵。

4.3.3　总体回归结果

4.3.3.1　初步分析

首先,采用 OLS 回归和普通面板回归的结果初步分析中国雾霾的影响因素,表中第一列为 OLS 回归的估计结果,模型 1 和模型 3 为只考虑环境规制对雾霾影响的普通面板回归结果,模型 2 和模型 4 为加入所有变量后对雾霾影响的回归结果,模型 1 和 3 中豪斯曼检验拒绝随机效应的原假设,故选择固定效应模型 1 的回归结果,模型 2 和 4 中豪斯曼检验接受随机效应的原假设,故全样本的分析选择随机效应模型 4 的回归结果,同时为了对比观察我们保留了所有的回归结果,具体见表4-5。

表4-5　OLS和普通面板模型固定效应的估计结果

主要变量	OLS	面板固定效应		面板随机效应	
		模型1	模型2	模型3	模型4
ln ER	0.047 7*	−0.023 0	−0.024 1*	−0.017 1	−0.021 6
	(1.93)	(−1.36)	(−1.73)	(−1.02)	(−1.56)
ln GDP	−1.128*		−0.159		−0.074 5
	(−1.68)		(−0.6)		(−0.3)
ln GDP²	0.062 9*		0.015 0		0.010 2
	(1.81)		(1.07)		(0.79)
ln IS	−1.165***		0.322*		0.255
	(−3.97)		(1.71)		(1.37)
ln POP	0.144***		−0.020 5		0.123**
	(8.90)		(−0.14)		(2.31)
ln ROAD	0.041 3		0.045 2		0.057 8
	(0.42)		(1.03)		(1.38)
ln Urb	−0.677***		−0.548***		−0.534***
	(−3.31)		(−8.30)		(−8.23)
ln Trade	0.050 1***		0.051 7***		0.050 7***
	(3.18)		(10.04)		(9.94)
C	8.187**	3.544***	3.546**	3.538***	2.423*
	(2.49)	(192.88)	(2.06)	(39.53)	(1.89)
N	558	558	558	558	558
R²	0.298	0.003	0.347		
adj. R²	0.287 3	−0.055 2	0.299 3		
Hausman		5.12*			6.12

注:* $p<0.1$,** $p<0.05$,*** $p<0.01$,括号里为t值。

OLS回归中环境规制对雾霾影响为正且在10%置信水平下显著;只考虑环境规制对雾霾影响的回归结果显示,在固定效应和随机效应中,环境规制对雾霾的影响都不显著为负,加入其他控制变量后,环境规制对雾霾的影响在随机效应模型中也不显著为负,但在固定效应的情况下10%显著性水平下显著为负。此外,随机效应模型中,人口密度、城市化水平与贸易水平对雾霾存在显著影响,其他变量对雾霾的影响不显著,环境库兹涅茨曲线也不存在,城镇化水平对雾霾的影响系数方向也存在不合理之处。产生这一系列结果可能的原因在于普通面板模型的估计忽略了各省份之间的空间联系,从而造成估计结果的偏误,各变量的非预期估计结果也从侧面说明了模型的估计存在偏误,进一步文章采用空间计量进行重新估计。通过前文采用全局莫兰指数和局部莫兰指数进行的空间相关性的分析,我们知道污雾霾污染存在空间上的相互影响,因而进一步证实了对雾霾影响因素的分析,应该建立空间计量模型。

4.3.3.2　基准回归分析

本书首先以地理邻近关系为特征的 0-1 矩阵作为空间权重矩阵,对空间杜宾模型进行基准回归,在回归模型中依次加入环境规制、人均 GDP 及平方项、其他控制变量,总共三组模型,来研究雾霾污染的影响因素,估计结果如表 4-6 所示。在确定是选择固定效应还是随机效应时,本书以豪斯曼检验结果来进行判断。我们可以看到,豪斯曼检验的结果为负值或者不显著,所以选择随机效应作为估计结果,同时以固定效应(模型 4-6)估计结果作为参考。模型 1 和 4 的估计为只考虑环境规制对雾霾污染影响的结果,模型 2 和 5 的估计为环境规制、人均 GDP 及其平方项对雾霾污染影响的结果,模型 3 和模型 6 为加入其他控制变量后全样本的估计结果。

表 4-6　基准回归的估计结果

主要变量	空间杜宾模型随机效应估计			空间杜宾模型固定效应估计		
	模型 1	模型 2	模型 3	模型 4	模型 5	模型 6
ρ	0.859***	0.833***	0.787***	0.863***	0.838***	0.787***
	(42.92)	(35.75)	(28.00)	(44.24)	(36.75)	(28.21)
ln ER	−0.012 4	−0.015 2*	−0.016 3*	−0.013 5	−0.016 0*	−0.016 9*
	(−1.43)	(−1.70)	(−1.83)	(−1.59)	(−1.84)	(−1.94)
ln GDP		0.328	−0.426*		0.331	−0.245
		(1.56)	(−1.95)		(1.63)	(−1.05)
ln GDP^2		−0.016 1	0.021 5**		−0.016 6	0.013 5
		(−1.53)	(1.99)		(−1.63)	(1.20)
ln IS			−0.196			−0.160
			(−1.42)			(−1.17)
ln POP			0.197***			0.019 6
			(3.07)			(0.15)
ln ROAD			0.051 9*			0.041 4
			(1.89)			(1.50)
ln Urb			0.168**			0.161**
			(2.03)			(2.01)
ln Trade			−0.010 9			−0.010 5
			(−1.63)			(−1.62)
C	0.490***	1.801**	2.993**			
	(4.86)	(2.07)	(2.39)			
$W \cdot$ ln ER	0.006 36	0.005 92	−0.000 248	0.006 66	0.005 89	−0.005 24
	(0.44)	(0.40)	(−0.02)	(0.48)	(0.41)	(−0.34)

表 4-6(续)

主要变量	空间杜宾模型随机效应估计			空间杜宾模型固定效应估计		
	模型 1	模型 2	模型 3	模型 4	模型 5	模型 6
$W \cdot \ln GDP$		−0.614**	−0.940***		−0.619**	−0.876***
		(−2.18)	(−2.98)		(−2.26)	(−2.68)
$W \cdot \ln GDP^2$		0.032 6**	0.049 7***		0.033 2**	0.048 4***
		(2.29)	(3.13)		(2.41)	(2.95)
$W \cdot \ln IS$			0.535***			0.533***
			(2.59)			(2.63)
$W \cdot \ln POP$			−0.244***			−0.257
			(−2.77)			(−1.15)
$W \cdot \ln ROAD$			0.040 7			0.026 1
			(0.73)			(0.47)
$W \cdot \ln Urb$			−0.404***			−0.413***
			(−4.10)			(−4.31)
$W \cdot \ln Trade$			0.033 3***			0.034 0***
			(4.22)			(4.43)
N	558	558	558	558	558	558
R^2	0.148	0.024	0.178	0.151	0.020	0.089
Hausman	−0.29	−2.98	0.11			

注:* $p<0.1$,** $p<0.05$,*** $p<0.01$,括号里为 z 值.

模型结果显示,空间自相关系数(ρ)在不同的估计结果中均正且均通过了 1‰ 水平下的显著性检验,说明被解释变量中国省份雾霾具有明显的空间溢出效应,即相邻省份的雾霾污染会随着某一省份雾霾污染的增加而增加。换言之,周围省份污染水平提高的同时也能导致某一省份污染的加剧。由表的实证结果可以得知,相邻省份雾霾污染 $PM_{2.5}$ 浓度每增加 1‰,将会导致本省份雾霾 $PM_{2.5}$ 浓度增加约 0.79‰ 左右,这也证明了中国城市间雾霾污染存在明显的空间集聚特征,表现出"一荣俱荣,一损俱损"的特点,在雾霾污染治理中应采取区域间的联防联控、共同治理雾霾污染的策略。

在固定效应下的估计结果中,随着控制变量的不断加入,环境规制的影响显著为负,城市化水平影响显著为正,其他变量均不显著。相较之下,随机效应的估计更符合预期,豪斯曼检验的结果也选择了随机效应作为全样本估计的基准回归,从模型 1—模型 3 可以看出,随着控制变量的不断增加,环境规制的影响越来越显著,人均 GDP 平方项的影响也出来了显著变化,这与基于普通面板回归的估计呈现截然相反的结果,同理也从侧面证实了选择空间计量的合理性。环境规制对各省份雾霾排放的影响系数达到 −0.016 3,且在 10‰ 的置信水平下显著,在其他条件不变的情况下,环境规制的严格程度每增加一个单位,对雾霾降低的贡献为 0.016 3‰。说明我国环境规制对雾霾排放存在直接影响,环境规制能够有效降低我国雾霾浓度,这与政府实施环境规制政策的初衷是相吻合的。关于环境规制对环境的影响效应,国内外学者早就进行了研究,并提出了多种观点。最鲜明的两种观点就是"绿色悖论效应"和"倒逼减排效应"。Sinn 最早提出了"绿色悖论效应"的观点[229],认为环境规制的政策措施对污染物排放的作用有限,甚至还会加速能源的开发,从而给环境带来恶化的结果。接着就有很多学者对此进行验证,出现了很多关于不完善的环境规制政策对环境影响的文献,得出了类似的结论。而倒逼减排效应认为,环境规制不仅可以直接地改善环境,而且还能倒逼企业加强绿色技术的研发、改进生产工艺、流程来促进环境的改善。国内学者对此展开了研究,认为中国目前的环境规制政策存在着"倒逼减排效应",提高环境规制,能够有效地抑制环境污染现象[230-232]。

此外,环境规制的空间滞后项虽然也为负,但并不显著,影响效果可以忽略。这说明环境规制的空间溢出效应没有发挥作用,地方政府加强环境规制,对周边地区的雾霾污染没有起到很好的抑制作用。这也就是说,当某个地区提高环境规制的程度时,相邻地区并没有会对此进行模仿或者学习,也没有更加重视本地区的环境规制,因而环境规制只对本地区的雾霾污染起到了抑制作用,而邻近地区并没有太显著的影响。长此以往的话,可能会使得环境规制较弱的地区容易出现搭便车的现象,放松对本地的环境规制,而享受着环境规制较强的周边地区带来的雾霾污染降低的好处;而如果环境规制较强的地区了解了这一现象,则可能会出现不愿意向邻近地区提供便利的情况,这样两个地区可能都会放松了环境规制。由此看来,相邻政府的环境规制是一个长期博弈的行为,要想从根本上治理雾霾,降低区域之间的扩散效应,就需要加强地区之间的联防联控,完善联合治理的保障补偿机制,共同协作,共同受益。这与陈卓等的研究结论类似[233]。随着中央对地方晋升机制的调整,地方政府间环境规制竞争不再单单模仿邻地做法或者盲目地"跟风",而是通过对环境规制的收益和成本进行理性衡量后,制定出适合自己的环境规制策略。张文彬也认为我国地方政府省际环境规制竞争仍然以"差别化"策略为主[234]。

产业结构方面,第三产业占比越高,雾霾污染越小,但并不显著,意味着从全国情况来看,第三产业的发展对降低雾霾污染的水平没有显著的作用。从总量上来看,2019 年我国第三产业增加值占国民经济的比重为 53.9%,但跟发达国家相比,还有很大的差距;从内部构成来看,传统服务业占比仍然较高,以信息技术为代表的新兴生产性服务业、金融业等现代服务业的占比较低,因此,目前,第三产业对雾霾污染的减轻作用还没有有效发挥出来,第三产业的发展还有很大的空间。

人均 GDP 对雾霾排放的影响显著为负,人均 GDP 的二次项系数显著为正,这说明,在充分考虑各省份空间因素的情况下,从总体上来看,样本期内环境库兹涅茨曲线(EKC)在我国还未出现,雾霾污染与经济发展呈现 U 形关系,而非倒 U 形关系。经济水平对雾霾污染的影响存在一个阈值,当经济水平低于该阈值时,经济水平的提高会减少雾霾污染的程度;而当经济水平高于该阈值时,经济水平越高,雾霾污染就越严重。随着中国经济的发展,未来大部分省份经济水平会高于阈值,这意味着如果不采取合理的防霾治霾措施,未来很长一段时间我国可能会处于经济增长与雾霾污染正相关的阶段,因而经济增长与雾霾污染两难选择问题仍然是困扰各地政府的难题,在雾霾治理过程中寻找新的经济发展方式是当前非常重要的任务。

人口密度对雾霾污染有正向影响,且在 1% 置信水平下显著,这表明人口密度的增加会导致雾霾污染 $PM_{2.5}$ 浓度上升。究其原因,可能存在以下几个方面:人口密度越高的地区对机动车辆需求越大,这会带来汽车尾气排放的增加,另外人口集聚所产生的交通拥挤问题,也会使得机动车辆燃料无法得到充分燃烧,从而间接提升雾霾污染浓度;人口密度的加大,会使得地区生产活动和生活活动所带来的污染废弃物越多,同时,较大的人口密度意味着居民居住比较密集,较多的建筑物会使得风速降低,从而不利于雾霾污染物的有效扩散;最后,人口增加会直接导致生产规模的扩大。劳动力作为生产要素的重要组成部分,其供给增加尤其使得劳动力需求多的工业导向型城市产出增加,工业排放量相应增加。

交通基础设施方面,各地区实有道路长度越长,雾霾污染越严重,影响系数为0.0519。导致这种现象的原因,可能是当前随着交通基础设施的不断投入,将会使得道路延伸到更多的或者更新的区域,交通的便利会使得不同区域之间的经济联系越来越密切,无形中加大了区域间的公路运输量,延长了平均行驶时间,汽车尾气排放增加,从而导致雾霾污染排放量加大。该研究结果与很多学者关于道路长度和环境污染关系的结论一致,如 Ross et al.、Wheeler et al.、Cassady[235-238]。在未来,加大交通基础建设满足交通需求时,应该积极探索新的发展方式来应对雾霾污染,比如权衡道路宽度和长度的建设,通过"扩容"有效缓解交通拥堵,从而减少排放;加大城市环保型公共交通建设,改变交通模式,鼓励居民选择绿色出行方式。

城市化对雾霾污染有正向影响,系数为0.168,在5%的置信水平下显著。新中国成立以来,中国经济的发展进一步带来了城市化的飞速发展,城市化率从1949年的10.6%提高到2019年的60.6%,城镇常住人口增加了约7.7亿人,如此大规模的人口从农村迁移到城市,在带来充足劳动力促进经济繁荣发展的同时,也导致了资源的过度消耗、交通拥堵等一系列"城市病",自然而然使得雾霾排放的增加,冷艳丽等的研究也证实了这一点[20]。

贸易水平的系数为负,但并不显著。一直以来,关于贸易对污染排放的解释认为随着对外开放水平的提升也会导致雾霾污染提升,对外开放导致了我国"污染避难所""污染天堂"现象,作为制造业大国,同时作为全球价值链中生产端重要的组成部分,我国承接了发达国家大量的高污染和高能耗的制造业。我们的研究结果表明,随着中国经济的高速发展,尤其在 5G、人工智能、区块链等高新技术领域的发展,过去"污染避难所"的现象已经开始发生改变,贸易逐渐成为促进中外交流、合作的重要手段。

4.3.3.3 稳健性检验

(1) 更换不同空间计量模型的估计

一般而言,空间计量模型根据系数的不同取值会有不同的形式,常见的包括空间杜宾模型、空间滞后模型和空间误差模型三种。本书在以空间杜宾模型为基准回归的同时,采用空间面板滞后模型(SAR)和空间面板误差模型(SEM)对模型再次进行实证回归,豪斯曼检验统计值均接受随机效应的原假设。

空间回归的结果显示,第一,空间自回归系数 ρ 或 γ 值在1%水平下都显著为正,两模型的空间自回归系数分别为0.796和0.841,这与基准回归的结果一致;第二,空间滞后模型中两种效应情况下虽然环境规制的系数都不显著,但是呈现出负向关系,且 z 值的绝对值也较大,空间误差模型中无论是随机效应还是固定效应中环境规制的系数均在5%水平下显著为负,此外,随机效应下各变量的系数与显著性也与基准回归大体差不多。综合以上分析,采用更换不同空间计量模型的再估计结果具有较强的稳健性,具体见表4-7。

表 4-7 更换不同空间模型的估计结果

主要变量	空间滞后模型		空间误差模型	
	固定效应	随机效应	固定效应	随机效应
ρ	0.802***	0.796***		
	(30.35)	(29.41)		
γ			0.839***	0.841***
			(34.21)	(33.16)
ln ER	−0.013 9	−0.013 1	−0.018 3**	−0.017 7**
	(−1.62)	(−1.48)	(−2.26)	(−2.13)
ln GDP	−0.147	−0.096 3	0.506**	0.471**
	(−0.90)	(−0.61)	(2.30)	(2.22)
ln GDP^2	0.009 54	0.006 69	−0.020 5*	−0.019 1*
	(1.10)	(0.81)	(−1.84)	(−1.77)
ln IS	0.082 4	0.042 8	−0.068 2	−0.085 7
	(0.71)	(0.36)	(−0.52)	(−0.65)
ln POP	−0.032 8	0.054 8	0.202*	0.167***
	(−0.37)	(1.31)	(1.77)	(3.40)
ln ROAD	0.037 8	0.045 4*	0.008 58	0.005 84
	(1.41)	(1.70)	(0.32)	(0.22)
lnUrb	−0.107**	−0.102**	0.076 5	0.073 8
	(−2.48)	(−2.32)	(0.94)	(0.88)
ln Trade	0.011 2***	0.010 9***	−0.004 44	−0.004 36
	(3.26)	(3.10)	(−0.67)	(−0.64)
C		0.621		−0.100
		(0.73)		(−0.09)
N	558	558	558	558
R^2	0.019	0.188	0.233	0.232
Hausman		0.06		−1.18

注：* $p < 0.1$，** $p < 0.05$，*** $p < 0.01$，括号里为 z 值。

（2）更换不同权重矩阵的空间杜宾模型估计

空间权重矩阵的选择一直都是空间计量模型所考虑的问题之一，矩阵的设定很大程度上会影响模型的估计结果，因而只考虑一种空间权重矩阵可能无法完全体现变量之间的空间关系。为了验证前文中基准回归模型的稳健性，本书同时选择地理权重矩阵，经济权重矩阵再次进行空间杜宾模型回归，在全样本的回归中豪斯曼检验值显著为正，故选择固定效应的估计结果；仅考虑环境规制的估计中豪斯曼检验值显著为负，选择随机效应的估计结果。具体结果见表 4-8。

表 4-8 更换不同权重矩阵的模型估计结果

主要变量	地理距离空间权重矩阵				经济距离空间权重矩阵			
	固定效应		随机效应		固定效应		随机效应	
	模型 1	模型 2	模型 3	模型 4	模型 5	模型 6	模型 7	模型 8
ρ	0.884***	0.776***	0.881***	0.776***	0.708***	0.346***	0.697***	0.338***
	(40.01)	(17.17)	(38.67)	(17.09)	(19.87)	(5.82)	(18.96)	(5.54)
ln ER	−0.020 1*	−0.012 7	−0.018 0*	−0.012 7	−0.022 9*	−0.021 7*	−0.020 1	−0.019 2
	(−1.95)	(−1.24)	(−1.70)	(−1.20)	(−1.81)	(−1.86)	(−1.54)	(−1.58)
ln GDP		−0.810***		−0.380		−2.411***		−1.443***
		(−3.04)		(−1.63)		(−5.47)		(−3.58)
ln GDP²		0.035 5***		0.018 7		0.116***		0.076 3***
		(2.76)		(1.57)		(5.13)		(3.54)
ln IS		0.248		0.236		0.492**		0.524**
		(1.48)		(1.40)		(2.36)		(2.47)
ln POP		−0.238*		0.140**		−0.654***		0.075 3
		(−1.66)		(2.21)		(−4.14)		(1.29)
ln ROAD		0.074 4**		0.085 4**		0.107***		0.129***
		(2.19)		(2.52)		(2.86)		(3.40)
ln Urb		0.117		0.149*		−0.044 2		−0.007 19
		(1.47)		(1.82)		(−0.59)		(−0.09)
ln Trade		0.001 04		−0.000 77		0.015 7***		0.013 8**
		(0.17)		(−0.12)		(2.73)		(2.29)
C			0.591***	3.398			1.064***	−3.864
			(4.19)	(0.87)			(6.46)	(−1.48)
$W \cdot$ ln ER	−0.222***	−0.274***	−0.206***	−0.248***	0.051 3	0.017 7	0.049 4	0.022 2
	(−3.20)	(−3.96)	(−2.88)	(−3.48)	(1.41)	(0.46)	(1.33)	(0.56)
$W \cdot$ ln GDP		0.256		−0.061 5		3.917***		2.763***
		(0.33)		(−0.08)		(4.95)		(3.53)
$W \cdot$ ln GDP²		−0.002 76		0.005 80		−0.191***		−0.142***
		(−0.07)		(0.15)		(−4.65)		(−3.43)
$W \cdot$ ln IS		0.437		0.454		0.298		0.182
		(1.18)		(1.22)		(0.86)		(0.51)
$W \cdot$ ln POP		−0.500		−0.294		0.487		−0.054 5
		(−0.67)		(−0.82)		(0.99)		(−0.42)
$W \cdot$ ln ROAD		−0.023 3		−0.009 88		−0.663***		−0.584***
		(−0.15)		(−0.06)		(−4.81)		(−4.15)
$W \cdot$ ln Urb		−0.465***		−0.494***		−0.444***		−0.493***
		(−3.52)		(−3.62)		(−4.04)		(−4.29)

表 4-8(续)

主要变量	地理距离空间权重矩阵				经济距离空间权重矩阵			
	固定效应		随机效应		固定效应		随机效应	
	模型 1	模型 2	模型 3	模型 4	模型 5	模型 6	模型 7	模型 8
$W \cdot \ln Trade$		0.032 4***		0.034 6***		0.025 4***		0.028 2***
		(2.98)		(3.09)		(2.87)		(3.06)
N	558	558	558	558	558	558	558	558
R^2	0.172	0.146	0.172	0.198	0.032	0.214	0.024	0.204
Hausman		15.54**	−0.78			23.07***	−0.91	

注:* $p<0.1$,** $p<0.05$,*** $p<0.01$,括号里为 z 值。

回归结果显示:第一,空间自回归系数值在 1% 水平下都显著为正,地理距离、经济距离空间权重矩阵下全样本中 ρ 值分别 0.776 和 0.346,均在 1% 显著性水平下显著,除了数值大小外,符号与显著性均于 0-1 矩阵估计的结果基本一致。通过比较数值的大小还可以发现,0-1 矩阵估计结果中的雾霾溢出效应最强,显而易见雾霾的溢出效应对周边省份更为明显。第二,模型 2 中地理权重矩阵下环境规制对雾霾排放的影响不显著,但依旧为负,模型 6 中经济权重矩阵下环境规制对雾霾排放的影响显著为负,这与基准回归的结果基本一致。环境规制对雾霾的抑制作用主要表现在邻近省份之间,究其原因,我们认为,由于各省份之间的雾霾污染存在"边界效应",因此,环境规制对雾霾污染的抑制作用在邻接矩阵下显得更为显著,地理矩阵中不显著也符合事实。第三,模型 2 和 6 中,其他变量的符号也大体上保持一致。

综合上述分析,采用不同空间权重矩阵的空间杜宾模型估计结果与基准回归的结果基本一致,这也表明模型具有很强的稳健性,后文中对雾霾的空间溢出效应分解和异质性讨论也将围绕 0-1 矩阵的基准回归模型来展开。

4.3.3.4　雾霾污染空间溢出效应分解

与普通面板模型不同,空间杜宾模型的系数并不直接反映对被解释变量的影响水平,而是同时包括了直接效应与间接效应,因此,在前文中国省份 0-1 矩阵估计的空间杜宾模型雾霾影响因素的回归结果的基础上,本书进一步分解出随机效应和固定效应下雾霾空间溢出的直接效应、间接效应和总效应,以此进行深入分析,具体见表 4-9。表中固定效应的分解结果作为参考,二者大体上较为一致。

表 4-9　雾霾空间杜宾模型溢出效应分解

主要变量	空间杜宾随机效应模型			空间杜宾固定效应模型		
	直接效应	间接效应	总效应	直接效应	间接效应	总效应
$\ln ER$	−0.020 6*	−0.053 8	−0.074 4	−0.023 1*	−0.075 9	−0.099 0
	(−1.70)	(−0.78)	(−0.96)	(−1.87)	(−1.07)	(−1.23)
$\ln GDP$	0.174	−2.773**	−2.599**	−0.025 4	−2.987**	−3.013**
	(0.78)	(−2.41)	(−2.09)	(−0.11)	(−2.55)	(−2.36)

表 4-9(续)

主要变量	空间杜宾随机效应模型			空间杜宾固定效应模型		
	直接效应	间接效应	总效应	直接效应	间接效应	总效应
$\ln GDP^2$	−0.007 69	0.150**	0.143**	0.001 60	0.165***	0.167**
	(−0.68)	(2.48)	(2.17)	(0.13)	(2.65)	(2.44)
$\ln IS$	−0.060 1	1.546*	1.486	0.002 12	1.840**	1.842*
	(−0.37)	(1.84)	(1.59)	(0.01)	(2.06)	(1.87)
$\ln POP$	0.163***	−0.392	−0.228	−0.072 9	−1.079	−1.152
	(2.78)	(−1.55)	(−0.88)	(−0.59)	(−1.45)	(−1.48)
$\ln ROAD$	0.083 3**	0.351	0.434	0.066 8*	0.281	0.348
	(2.18)	(1.38)	(1.53)	(1.73)	(1.08)	(1.20)
$\ln Urb$	0.065 9	−1.167***	−1.101***	0.049 8	−1.270***	−1.220***
	(0.81)	(−4.87)	(−4.53)	(0.62)	(−5.57)	(−5.24)
$\ln Trade$	−0.001 54	0.108***	0.106***	−0.000 66	0.114***	0.113***
	(−0.26)	(5.74)	(5.54)	(−0.11)	(5.80)	(5.60)

注：* $p<0.1$, ** $p<0.05$, *** $p<0.01$, 括号里为 z 值。

随机效应的估计结果中，环境规制在直接效应情况下显著为负，影响程度为 −0.020 6，这说明随着环境规制水平的上升，对当地雾霾污染作用会显著降低。一方面，当环境规制水平提升时，对于污染较少的企业带来的影响比较小，这些企业可以充分发挥其优势进行生产；而对于污染密集型企业，当政府加大对其绿色补贴或者有较好的激励机制促使企业技术创新，从而降低污染排放时，就会使得本地雾霾污染得到较好的抑制。环境规制的间接效应虽然也为负，但不显著。一般来说，环境规制的地区差异较大，不同省份采取的环境规制程度各不相同，环境规制的影响还是具有很强的局限性，即使相邻省份政府存在所谓的学习和模仿，考虑到地区的差异，相同的环保投入带来的效果也不尽相同，因而环境规制仅对当地雾霾具有抑制作用，对周边地区的影响不显著。固定效应的结果也较为相似，间接效应和总效应为负，但并不显著。此外，人口密度和交通基础设施也是如此，因为地理边界的限制，其带来的直接效应更显著。

从间接效应和总效应方面来看，人均 GDP 及其平方项都较为显著，第三产业结构变化的间接效应显著为正，产业结构的升级往往伴随着落后的、高污染产业的淘汰和新产业的诞生，因而某一省份大量发展第三产业的同时，以工业为代表的第二产业会向周边地区发生转移，产业转移的同时也附和着污染物的转移，这样导致其间接效应也就显著为正了。对外开放水平的直接效应不显著，但其间接效应和总效应显著为正。

由城镇化水平的估计结果来看，城镇化对雾霾污染的直接效应不显著为正，间接效应为负，总效应为负。在城镇化初期，片面追求"数字化"，造成大量人口直接涌向城镇，城镇资源过度开发，加剧了雾霾污染；但是随着新型城镇化的推进，绿色、低碳、环保的理念融入城镇化的建设中去，城镇化的建设开始向生态型、质量型转变，城镇居民的生态意识也在逐步增强，生活方式发生了改变；政府对于环境管制的要求也越来越严格，采取了严厉的措施，来控制城市污染的发生，因而使得雾霾污染水平得以下降，实现雾霾治理与城市协同发展的局面。随着本地城镇化质量的提升,城市资源配置效率的提高,城市创新能力的增强,会通过溢出效应对邻地产生"示范效应",从而降低其雾霾污染程度。

4.3.4 异质性分析

（1）时间异质性

2013 年 1 月,我国出现了四次较大范围的雾霾天气,很多城市 $PM_{2.5}$ 指数频频"爆表",尤其在我国的中东部地区,雾霾天气呈现出持续时间长、影响范围大的特点,大部分地区 $PM_{2.5}$ 浓度超标天数在 25 天以上,平均雾霾天数创下自 1961 年来的最高历史纪录。面对如此严重的雾霾天气,我国政府部门极度关注,2013 年 9 月国务院出台了《大气污染防治行动计划》,各地政府也纷纷采取一系列措施,比如北京市政府要求,在雾霾污染严重的时候,各单位要限制公车使用的比例,后来合肥、南京、石家庄等地方也采取了类似的措施;这一系列的举措表明中国政府在雾霾污染治理上上迈出了重要的一步,以前所未有的决心和力度向大气污染宣战。随后,2016 年出台了新的环境保护标准,2018 年 6 月国务院印发了《打赢蓝天保卫战三年行动计划》,经过几年的努力,我国的空气环境质量取得了明显的改善。据统计,与 2013 年相比,2019 年我国 GDP 总量增长了 67.1%,能源消费量增长了 16.6%,民用汽车保有量增长了 100%,但是多项大气污染物浓度却显著下降,雾霾重污染天数明显减少。尤其是从 2013 年开始把京津冀、长三角、珠三角认定为大气污染防治重点区域以来,国家对这些区域大气污染采取联防联控措施,到了 2018 年,这三个重点区域的 $PM_{2.5}$ 浓度分别下降了 48%、39% 和 32%,区域环境质量得到了明显的改善。基于此,本章将全样本按照时间维度进行拆分,分别对 2000—2012 年和 2013—2017 年两段时间内的数据进行重新估计,空间权重矩阵依旧以 0-1 为基础,豪斯曼检验的结果均接受随机效应的原假设,表 4-10 同时保留了不同变量情况下两时间段随机效应的估计结果。

表 4-10　不同时间段的空间杜宾模型估计结果

主要变量	2000—2012				2013—2017			
	模型 1	模型 2	模型 3	模型 4	模型 5	模型 6	模型 7	模型 8
ρ	0.875***	0.832***	0.828***	0.786***	0.752***	0.752***	0.756***	0.718***
	(42.05)	(31.38)	(30.34)	(24.12)	(13.74)	(13.67)	(13.92)	(11.78)
ln ER	−0.015 8	−0.016 0	−0.018 1*	−0.022* *	−0.006 3	−0.007 4	−0.008 7	−0.002 3
	(−1.63)	(−1.61)	(−1.77)	(−2.16)	(−0.33)	(−0.38)	(−0.45)	(−0.12)
ln GDP		−0.001	0.113	−0.518*		0.271	2.140	−0.630
		(−0.02)	(0.42)	(−1.86)		(1.57)	(1.14)	(−0.34)
ln GDP^2			−0.006 3	0.027 4*			−0.090 2	0.028 3
			(−0.45)	(1.94)			(−1.00)	(0.32)
ln IS				−0.364* *				−0.334
				(−2.10)				(−1.03)
ln POP				0.238***				0.237***
				(3.51)				(3.57)

表 4-10(续)

主要变量	2000—2012				2013—2017			
	模型 1	模型 2	模型 3	模型 4	模型 5	模型 6	模型 7	模型 8
ln ROAD				0.004 22				0.155*
				(0.14)				(1.76)
ln Urb				0.074 6				0.144
				(0.86)				(0.84)
ln Trade				−0.005 5				−0.008 0
				(−0.73)				(−0.77)
C	0.450***	0.236*	−1.048	−0.941	0.817***	0.846	15.47	23.93*
	(4.26)	(1.92)	(−0.85)	(−0.64)	(3.93)	(1.20)	(1.29)	(1.90)
W·ln ER	−0.010 8	−0.019 8	−0.025 3	−0.018 3	0.066 8**	0.064 1*	0.053 0	0.058 0*
	(−0.64)	(−1.14)	(−1.38)	(−0.99)	(2.02)	(1.94)	(1.58)	(1.72)
W·ln GDP		0.040 4	0.204	−0.260		−0.274	−4.980*	−5.063
		(0.75)	(0.53)	(−0.67)		(−1.50)	(−1.66)	(−1.64)
W·ln GDP²			−0.008 3	0.016 1			0.228	0.239
			(−0.42)	(0.81)			(1.57)	(1.59)
W·ln IS				1.490***				1.073*
				(4.32)				(1.92)
W·ln POP				−0.30***				−0.27***
				(−3.15)				(−2.98)
W·ln ROAD				0.055 8				−0.060 3
				(0.90)				(−0.30)
W·ln Urb				−0.27***				−0.454**
				(−2.63)				(−1.96)
W·ln Trade				0.025***				0.032 3**
				(2.87)				(2.43)
N	403	403	403	403	155	155	155	155
R²	0.142	0.009	0.003	0.121	0.251	0.178	0.156	0.375
Hausman	−0.27	−3.75	−4.43	11.57	−0.25	1.60	0.80	−19.04

注：* $p<0.1$，** $p<0.05$，*** $p<0.01$，括号里为 z 值。

不同时间段的空间杜宾模型结果显示，随着变量的不断加入，空间自回归系数均在 1％ 水平下显著为正，整体上随着时间的推移，溢出效应在减小，考虑所有变量情况下由 0.786 变为 0.718，这也说明中国省份雾霾的空间溢出影响虽然有所变小，但本质上并没有发生明显的改变，雾霾污染的扩散在短时间内具有相对稳定性。

分时间段来看，2000—2012 年期间，环境规制的影响效应较为显著，有效地抑制了雾霾污染，系数为 −0.022，5％水平下具有显著性，产业结构以及人口密度都对雾霾产生了显著影响，人均 GDP 在 10％的水平下为负，其二次项显著为正，表明环境库兹列兹涅茨曲线在

10%水平下也不存在,且系数的符号与基准回归一样,其他变量都不显著,一定程度上具有参考意义。2013—2017年期间的样本回归结果显示,环境规制的影响依旧为负,但此时不具有显著性,这一阶段仅人口密度和年末实有道路长度为代表的交通基础设施对雾霾污染有显著的促进作用,其他变量均不显著。可能的原因在于,2013年以来,伴随着空气污染的加剧,国家出台的一系列雾霾治理的政策不再仅仅是单纯地局限于环保资金的投入、环保污染的治理上,而是采用了更为严厉的命令型环境管制政策,比如采取了强力的行政措施直接淘汰落后的产能,关闭污染企业,短期内取得了较好的治霾效果。从长期来看,应该采取更丰富的环境规制策略,运用多种方法共同治理,加强区域间的联防联控,完善跨区域雾霾治理利益保障补偿机制,将环境规制的重心转移到对污染的监督与控制上,建立良好的反馈机制。在很多学者的研究中也证实了这一观点。如屈小娥认为,到目前为止,对于经济欠发达地区,治理雾霾污染最有效的方法仍然是命令型的环境规制,采取更有强力的行政措施直接淘汰落后的产能,关闭污染企业;而对于市场化程度较高的地区,应充分调动企业积极性,促进企业自发减排;初钊鹏等的研究也指出,中央政府的环保督察、奖优罚劣的管制措施才是解决雾霾问题的有效方法[132]。

(2)地区异质性

根据我国地理区位特征和不同地区经济发展状况,将全样本划分为东部地区、中部地区和西部地区,再次进行子样本回归分析,可以看到按我国东部地区和中、西部地区分组,得出的子样本回归结果与全样本回归结果存在诸多不同之处。地区异质性的回归结果,如表4-11所示,豪斯曼检验的结果同时接受随机效应的原假设,随着控制变量的不断加入,回归结果依次为模型1-12。

从空间自回归系数的角度来看,所有模型均在1%水平下显著为正,东部、中部、西部地区都存在空间溢出效应,这进一步验证了雾霾污染的区域空间相关性特点,某地区的雾霾污染很明显地会受到周边地区的影响。从各区域的空间溢出系数来看,东部地区溢出系数高于西部地区,中部地区最小。这可以说明东部地区各省市之间雾霾的空间相关性最强,西部地区次之,中部地区的空间关联性最弱。这与前面计算莫兰指数结果相吻合。

从环境规制来看,东部、中部地区显著为负,西部地区为正,但不显著。这说明由于区域差异,环境规制对东部地区雾霾污染的抑制作用最为明显,对中部地区的作用次之,对西部地区不仅没有抑制作用,反而出现了不显著的正向作用。一方面,西部地区经济发展水平相对较低,经济发展压力较大,环境规制没有起到倒逼企业主动采取环保措施来放弃生产规模的扩大,从而使得环境规制对雾霾污染的抑制没有发挥作用。另一方面,从环境规制水平来看,东部地区环境规制强度均值为1.36,中部地区为1.05,西部地区为0.59,因此,与中东部地区相比,西部地区的环境规制水平相对较弱,企业可以通过其他方式来规避环境规制带来的损失,这也是导致西部地区环境规制失灵的重要原因。

从经济发展水平来看,样本期内,东部地区和中部地区经济发展水平一次项系数为负,二次项系数为正,但中部地区没有通过显著性检验,东部地区通过了5%显著性水平检验,经济增长与雾霾污染呈现出显著的U形特点,而西部地区经济发展水平一次项系数为正,二次项系数为负,且通过了5%的显著性检验,说明在西部地区经济发展与雾霾污染之间存在EKC曲线。

从产业结构来看,当以第三产业比重来代表产业结构水平时,三大区域均呈现出正向关

表4-11 不同地区的空间杜宾模型估计结果

主要变量	东部地区				中部地区				西部地区			
	模型1	模型2	模型3	模型4	模型5	模型6	模型7	模型8	模型9	模型10	模型11	模型12
ρ	0.773***	0.698***	0.643***	0.574***	0.732***	0.700***	0.564***	0.539***	0.683***	0.690***	0.623***	0.554***
	(27.76)	(20.07)	(16.02)	(12.85)	(15.54)	(13.37)	(7.73)	(7.10)	(14.03)	(14.12)	(10.92)	(8.66)
ln ER	-0.021 3*	-0.010 5	0.009 69	-0.007 15	0.031 3*	0.020 9	-0.001 33	-0.001 79*	0.034 7*	0.012 3	0.007 45	0.019 8
	(-1.78)	(-0.88)	(0.74)	(-0.56)	(1.65)	(1.09)	(-0.08)	(-0.11)	(1.65)	(0.58)	(0.35)	(0.90)
ln GDP		0.040 2	0.197	-1.224*		0.295*	3.722***	-4.946		0.280***	0.243	0.756*
		(0.65)	(0.51)	(-2.57)		(1.90)	(5.52)	(-6.12)		(3.17)	(0.61)	(1.90)
ln GDP^2			-0.007 2	0.059 8*			-0.173***	0.221			-0.000 559	-0.032 1
			(-0.38)	(2.55)			(-5.22)	(5.75)			(-0.03)	(-1.59)
ln IS				0.351				0.122				0.294*
				(1.56)				(0.41)				(1.22)
ln POP				0.556***				0.324***				-0.297
				(5.01)				(3.14)				(-2.74)
ln ROAD				0.022 3				-0.083 0				0.170***
				(0.61)				(-0.70)				(2.76)
ln Urb				-0.028 5				0.056 0				0.009 34
				(-0.23)				(0.58)				(0.07)
ln Trade				0.065 8				-0.019 2				-0.003 87
				(0.69)				(-0.28)				(-0.38)
C	0.816***	0.247	-9.576***	-20.75***	0.937***	0.782***	-12.80***	-19.86***	1.061***	0.834***	-7.373***	-10.05***
	(5.55)	(1.39)	(-3.76)	(-4.65)	(4.58)	(3.67)	(-4.24)	(-3.67)	(4.70)	(3.50)	(-3.26)	(-3.77)
W·ln ER	-0.013 9	0.001 91	0.012 8	0.007 29	0.021 6	0.015 4	0.006 20	-0.011 3	0.010 2	0.007 08	-0.029 3	0.060 3
	(-0.88)	(0.12)	(0.73)	(0.41)	(0.72)	(0.49)	(0.22)	(-0.40)	(0.28)	(0.19)	(-0.78)	(1.44)

表4-11(续)

主要变量	东部地区				中部地区				西部地区			
	模型1	模型2	模型3	模型4	模型5	模型6	模型7	模型8	模型9	模型10	模型11	模型12
$W \cdot \ln GDP$		0.0584	1.789***	2.280***		-0.263*	-0.716	-1.643		-0.258***	1.598***	1.601***
		(0.96)	(3.59)	(2.60)		(-1.72)	(-0.85)	(-1.58)		(-2.91)	(3.03)	(2.96)
$W \cdot \ln GDP^2$			-0.0853***	-0.115***			0.0170	0.0480			-0.0968***	-0.0954***
			(-3.45)	(-2.67)			(0.40)	(0.91)			(-3.61)	(-3.40)
$W \cdot \ln IS$				1.311***				0.243				1.358***
				(3.41)				(0.58)				(3.76)
$W \cdot \ln POP$				-0.657**				0.291				-0.261
				(-2.07)				(1.04)				(-1.24)
$W \cdot \ln ROAD$				-0.0423				0.551*				-0.244**
				(-0.73)				(1.80)				(-2.05)
$W \cdot \ln Urb$				-0.246*				-0.283**				-0.243*
				(-1.85)				(-2.54)				(-1.69)
$W \cdot \ln Trade$				0.0238				0.0161*				0.0227*
				(2.29)				(1.96)				(1.95)
N	234	234	234	234	108	108	108	108	216	216	216	216
R^2	0.104	0.126	0.215	0.464	0.081	0.209	0.324	0.849	0.023	0.006	0.006	0.232
Hausman	-0.96	-6.89	-12.05	-3.47	-0.02	4.79	2.22	-0.33	-0.00	-0.38	-0.35	5.81

注：* $p<0.1$，** $p<0.05$，*** $p<0.01$，括号里为 z 值。

系,但中东部地区的正向影响不显著。究其原因,东、中部地区金融、科技、信息等高端服务业的发展虽然会在一定程度上缓解雾霾污染,但交通运输、餐饮等传统服务业占比较高,仍然会增加雾霾污染的程度,第三产业内部结构的不合理,使其还不能成为降低雾霾污染的主要因素;而西部地区第三产业主要是以交通运输业为主,机动车尾气的排放导致了雾霾污染水平的提高。

从人口密度来看,中东部地区人口密度和雾霾污染之间显示出显著的正向关系,西部地区呈现不显著的负向关系。回归系数结果显示人口是造成东部雾霾污染最主要的原因,影响系数高达 0.556,1% 置信度水平下显著,东部地区因为沿海的优势所在,一直以来都是我国经济最为发达的地区之一,吸引着大量的人口涌入,强化了人口集聚的环境效应,成为推动雾霾污染最主要的驱动因素。胡焕庸线(Hu's line,黑河—腾冲线)显示该线东南方面积占全国国土面积 43.8%,但总人口比重达到 94.1%,而该线西北方人口密度极低,56.2% 的国土面积居住着全国 5.9% 的人口,且胡焕庸线随着时间的推移表现出较强的稳定性。

从对外开放水平来看,三大区域中,东部地区影响系数为正,中西部地区影响系数为负,但都没有通过显著性检验。东部沿海是我国对外开放最前沿的地带,贸易发展较快,尤其是工业品的贸易所占比重较大,所以贸易规模的扩大,会引起雾霾污染水平的提升;另外由于大量外资的进入,作为传统制造业大国,依托"中国制造"创造了经济增长的奇迹,与此同时在参与全球化的生产中沿海地区也承接了发达国家大量的高污染和高能耗的制造业,加重了雾霾污染。中西部地区出口的商品的技术含量较低,加工程度较少,贸易规模也相对较小,所以对环境的影响相对较弱。由此看来,为了降低对外贸易对雾霾污染的影响,发展对外贸易时应提高工业制成品的技术含量,引进国外的清洁技术,提高贸易的质量,优化贸易的结构,政府也要加强对贸易的管制,减少污染排放物的产生,实现贸易与环境的协调发展。

从道路交通基础设施的建设来看,三大区域中,东部和中部地区这两个因素都没有通过显著性检验,西部地区中,交通基础设施的系数为正值,且通过了显著性检验。城镇化水平在三大区域中都没有通过显著性检验。公路等交通基础设施一直都是推动地区发展、对外交流最原始的手段,"要想富、先修路"是千百年来一直奉行的永恒道路。基础设施的完善促进了人口、资源的跨区域流动,也推动着城市化的进程的发展,这对当地的环境会造成一定的负面影响。因此西部地区如果要通过大力发展交通、推进城镇化建设来促进地区经济的发展的同时,不能忽视雾霾污染的问题。

4.4　本章小结

(1) 无论从全国还是分地区来看,空间自回归系数显著为正,充分说明我国雾霾污染水平确实存在着显著的空间溢出效应;从全国来看,环境规制系数显著为负,环境规制水平越高,对雾霾污染的抑制效果越好,环境规制的空间滞后项虽然也为负,却不显著,影响效果可以忽略,这说明环境规制的空间溢出效应没有发挥作用,地方政府加强环境规制,对周边地区的雾霾污染没有起到很好的抑制作用;从经济发展水平来看,人均 GDP 与雾霾污染之间存在显著的 U 形关系,环境库兹涅茨曲线在我国还没有出现;第三产业比重提高,没有显著降低雾霾污染的水平;人口密度的加大,城镇化水平的提高,以加大道路长度为目标的交通基础设施的投入都会引起雾霾污染的产生;对外开放水平的提高,并不一定会使得雾霾污染程度提高。

（2）从空间溢出效应的分解效应来看，为了充分研究空间计量模型回归系数所包含的交互信息，我们将空间溢出效应分解为总效应、直接效应和间接效应，研究不同因素对雾霾污染的影响程度及方式。结果表明，受地理边界的影响，环境规制、人口密度、交通基础设施等因素对雾霾污染影响的直接效应更明显。而人均 GDP 及其平方项，及第三产业为代表的产业结构、对外贸易对雾霾污染影响的间接效应更为显著。城镇化对雾霾污染影响的直接效应为正，间接效应为负。

（3）分时间来看，2000—2012 年期间，环境规制的影响效应较为显著，有效地抑制了雾霾污染；但 2013—2017 年期间，环境规制的影响效应不显著，但雾霾污染程度却大大降低。可能的原因在于，2013 年以来，伴随着空气污染的加剧，国家出台的一系列雾霾治理的政策不仅仅是单纯地局限于环保资金的投入，环保污染的治理上，而是采用更强力的行政措施直接淘汰落后的产能，关闭污染企业，所以短期内取得了较好的效果。

（4）从区域来看，东部地区环境规制水平最高，中部地区次之，西部地区最弱，而环境规制对东部、中部地区抑制作用明显，对于西部地区呈现出不显著的正向促进作用。从环境规制效果来看，不同地区呈现出一定的差异。东中部地区人均 GDP 与雾霾污染水平之间呈现出显著的倒 U 形关系，西部地区不显著。当以第三产业比重来代表产业结构水平时，中东部地区的产业结构与雾霾污染之间呈现出不显著的正向关系，而西部地区二者表现出显著的正向关系；人口密度增加是雾霾污染的主要影响因素，只是不同地区影响程度有所差别；城市化进程和对外开放水平对不同地区影响不显著；交通基础设施的建设会在一定程度上加重西部地区雾霾污染的程度。

（5）空间因素是雾霾污染重要的影响因素，政府在制定雾霾治理的政策时，应打破行政区域界线，建立区域间的联防联控合作机制。当某个地区提高环境规制的程度时，相邻地区并没有会对此进行模仿或者学习，也没有更加重视本地区的环境规制，因而环境规制只对本地区的雾霾污染起到了抑制作用，而邻近地区并没有太显著的影响。长此以往的话，可能会使得环境规制较弱的地区容易出现搭便车的现象，放松对本地的环境规制，而享受着环境规制较强的周边地区带来的雾霾污染降低的好处；而如果环境规制较强的地区了解了这一现象，则可能会出现不愿意向邻近地区提供便利的情况，这样两个地区可能都会放松了环境规制。由此看来，相邻政府的环境规制是一个长期博弈的行为，要想从根本上治理雾霾，降低区域之间的扩散效应，就需要加强地区之间的联防联控，完善联合治理的保障补偿机制，共同协作，共同受益。

5 地方政府间雾霾污染跨域协同治理的博弈

5.1 问题描述

根据前面的分析,我们得知雾霾污染存在空间的溢出性,在某地区发生雾霾污染后,可能会扩散到其他地区,造成整个区域的雾霾污染。同时,人们意识到大气环境具有公共产品的性质,该属性的产生是由于两种原因引起的,一个是由某个区域内的外部性造成的,第二是大气环境作为物品本身具有消费的非竞争性及受益的排他性特点。某个区域内无论哪个地区的大气环境被雾霾污染了,那么整个区域的大气环境都可能已经被污染了;相应地,如果区域内各个地区大气环境质量都改善了,那么整个区域环境质量也会改善。因此,各地区都应从自身实际出发,就雾霾污染治理问题展开联盟合作。这里的联盟意味着区域内每个个体都可以在权衡自己的收益后与其他个体达成某种有约束力的协议,组成集体,共同协作来获得更大的收益。如目前,我国已经形成了京津冀、长三角、珠三角等区域联盟,这些都是对雾霾污染进行区域联盟治理的积极探索。在开展雾霾污染地区间协作治理时,区域联盟内各地方政府之间也存在着博弈关系,他们会基于各自的收益考虑进行彼此博弈、相互协作而做出选择。当国家对于区域联盟内治霾主体的权责规定不明确时,会使得地方政府陷入跨域合作或者不合作的两难抉择的境地。一方面,考虑到治霾成本的压力,地方政府可能会做出不治理的选择,而是坐等其他地区雾霾治理的成果;另一方面,地方政府也可能会从长远利益出发,而选择与其他地区政府共同协作来治理雾霾。因此,当区域间打破行政界限,建立区域间的合作时,应建立什么样的机制才能使得整个区域联盟内所有地方政府都能够积极进行协作是问题的关键。基于此,本章采用微分博弈法,根据区域联盟内雾霾污染治理过程中出现的三种情形,研究区域间雾霾污染协同治理的机制问题。这对于研究完善区域间雾霾污染协同治理体系,更好地解决区域间雾霾污染协同治理问题具有一定的参考价值。

5.2 博弈模型的构建

假设模型包括两个主体,分别为本地政府和邻地政府,下文记为地区一政府和地区二政府。下面分析在不同的情形条件下地区一政府和地区二政府的雾霾跨域协同治理问题。

利用状态函数 $s(t)$ 表示雾霾污染物的存量,其存量增减主要受由于工业生产造成的污染、因为政府积极治理而降低的污染排放、污染物本身的自然消失以及来自相邻地区雾霾污染的溢出效应等因素影响。计算公式如下:

$$s^*_i(t) = s_i(t) + ks_i(t) - r(\mu_1(t), \mu_2(t)), s(t_0) = s_0 \tag{5-1}$$

其中，$s_i(t)$ 表示 t 时刻雾霾污染物的排放量；$s^*_i(t)$ 表示 $s_i(t)$ 的动态变化；$ks_i(t)$ 代表雾霾污染时间发生的扩散效应；k 表示为扩散系数，意味着当雾霾污染事件发生时所带来的雾霾污染物的变化。当 $k > 0$ 时，表示雾霾污染加剧时，加大了雾霾污染物的排放；当 $k < 0$ 时，表示雾霾污染事件得到控制时，雾霾污染现象得到缓解，雾霾污染排放量的减少；$\mu_1(t)$，$\mu_2(t)$ 分别表示地区一政府和地区二政府雾霾污染治理的努力程度，$r(\mu_1(t), \mu_2(t))$ 表示地区一政府和地区二政府协同治理而减少的雾霾污染排放量，且

$$r(\mu_1(t), \mu_2(t)) = \tau\mu_1(t) + \psi\mu_2(t) + \varphi(\mu_1(t), \mu_2(t)) \tag{5-2}$$

其中，τ 表示地区一政府积极治理雾霾减少雾霾污染排放量；ψ 表示地区二政府积极治理雾霾所减少的雾霾污染排放量；φ 表示两地政府协同治理所减少的雾霾污染排放量。

为了降低雾霾污染排放量，各地政府采取了一系列措施，比如减少工业生产的数量、采用清洁技术、加大工业污染治理的力度等。假设地区政府用于雾霾污染治理的成本表示为递增的二次凸函数，计算公式为：

$$C_i(\mu_i) = \frac{1}{2}c_i\mu_i^2(t), c_i > 0 \tag{5-3}$$

其中，c_i 表示政府进行雾霾污染治理的成本系数。

地区一政府与地区二政府协同治理雾霾污染所获得的协同收益记为 $R_i(r(\mu_1(t), \mu_2(t))_i)$，则每减少单位污染排放量，地区一政府的收益：

$$R_1(r(\mu_1(t), \mu_2(t))_i) = (\alpha_1 r(\mu_1(t), \mu_2(t))) \tag{5-4}$$

地区二政府的收益为：

$$R_2(r(\mu_1(t), \mu_2(t))_i) = (\alpha_2 r(\mu_1(t), \mu_2(t))) \tag{5-5}$$

区域内某地发生雾霾污染事件，会给本地政府及邻地政府带来一定的政治成本损失，表示为，$D_i(s) = d_i s_i(t), c_i > 0$，其中地区一政治成本损失记为

$$D_1(s) = d_1 s_1(t), c_1 > 0 \tag{5-6}$$

地区二政府政治成本损失记为：

$$D_2(s) = d_2 s_2(t), c_2 > 0 \tag{5-7}$$

5.3 微分博弈分析

情形一：假设区域内某地雾霾污染事件的发生，仅对雾霾发生地政府的政治成本产生影响，对另一地政府没有影响。

当区域内某地发生雾霾污染，其影响范围仅限本地时，本地的环境效益函数可以表示为：

$$W_1 = \int_0^t \left[\alpha_1 r(\mu_1(t), \mu_2(t)) - \frac{1}{2}c_1\mu_1^2(t) - d_1 s_1(t)\right] e^{-t} dt \tag{5-8}$$

地区二的环境效益函数可以表示：

$$W_2 = \int_0^t \left[\alpha_2 r(\mu_1(t), \mu_2(t)) - \frac{1}{2}c_2\mu_2^2(t)\right] e^{-t} dt \tag{5-9}$$

地区一和地区二构建雾霾污染协同治理关系，其利益诉求是使整个区域的环境效益最大化。于是区域整体环境效益最大化的问题就如下所示：

$$\mathrm{Max}W_0(t,x_1)=\mathrm{Max}(W_1+W_2)$$

$$=\mathrm{Max}\int_0^t\left\{\left[\alpha_1 r(\mu_1(t),\mu_2(t))-\frac{1}{2}c_1\mu_1^2(t)-d_1 s_1(t)+\right.\right.$$

$$\left.\left.\alpha_2 r(\mu_1(t),\mu_2(t))-\frac{1}{2}c_2\mu_2^2(t)\right]\right\}\mathrm{e}^{-t}\mathrm{d}t$$

$$\mathrm{s.t.}\ s_i^*(t)=s_i(t)+ks_i(t)-r(\mu_1(t),\mu_2(t)),s(t_0)=s_0 \tag{5-10}$$

在博弈期$[0,t]$内，地区一和地区二组成的雾霾污染协同治理联盟取得的环境效益为：

$$W(t,s)=\int_0^t\left[\alpha_1 r(\mu_1(t),\mu_2(t))-\frac{1}{2}c_1\mu_1^2(t)-d_1 s_1(t)+\right.$$

$$\left.\alpha_2 r(\mu_1(t),\mu_2(t))-\frac{1}{2}c_2\mu_2^2(t)\right]\mathrm{e}^{-t}\mathrm{d}t \tag{5-11}$$

运用贝尔曼方程法来计算，得出以下方程：

$$-W_t(t,s)=\max_{\mu_1(t),\mu_2(t)}\int_0^t\left[\alpha_1 r(\mu_1(t),\mu_2(t))-\frac{1}{2}c_1\mu_1^2(t)-d_1 s_1(t)+\right.$$

$$\left.\alpha_2 r(\mu_1(t),\mu_2(t))-\frac{1}{2}c_2\mu_2^2(t)\right]\mathrm{e}^{-t}\mathrm{d}t+$$

$$W_s(t,s)\left[s_i(t)+ks_i(t)-r(\mu_1(t),\mu_2(t))\right] \tag{5-12}$$

地区一的最优策略记为$\mu_1^*(t)$，地区二的最优策略记为$\mu_2^*(t)$，由最大化原理可以得出：

$$\mu_1^*(t)=\frac{\alpha_1+\alpha_2-W_s(t,s)}{c_1}(\tau+\varphi(\mu_2(t))) \tag{5-13}$$

$$\mu_2^*(t)=\frac{\alpha_1+\alpha_2-W_s(t,s)}{c_2}(\psi+\varphi(\mu_1(t))) \tag{5-14}$$

令$W(t,s)=\left[\hat{A}(t)s+\hat{B}(t)\right]\mathrm{e}^{-t}$，可得

$$\mu_1^*(t)=\frac{\alpha_1+\alpha_2-\hat{A}(t)}{c_1}(\tau+\varphi(\mu_2(t))) \tag{5-15}$$

$$\mu_2^*(t)=\frac{\alpha_1+\alpha_2-\hat{A}(t)}{c_2}(\psi+\varphi(\mu_1(t))) \tag{5-16}$$

将上述两式联立，可以得到：

$$\mu_1^*(t)=\frac{(\alpha_1+\alpha_2-\hat{A}(t))\left[\tau c_2+(\alpha_1+\alpha_2-\hat{A}(t))\varphi\psi\right]}{c_1 c_2-(\alpha_1+\alpha_2-\hat{A}(t))2\varphi^2} \tag{5-17}$$

$$\mu_2^*(t)=\frac{(\alpha_1+\alpha_2-\hat{A}(t))\left[\psi c_1+(\alpha_1+\alpha_2-\hat{A}(t))\varphi\tau\right]}{c_1 c_2-(\alpha_1+\alpha_2-\hat{A}(t))2\varphi^2} \tag{5-18}$$

$$r(\mu_1^*(t),\mu_2^*(t))=\tau\mu_1^*(t)+\psi\mu_2^*(t)+\varphi(\mu_1^*(t),\mu_2^*(t))$$

$$=\tau\frac{(\alpha_1+\alpha_2-\hat{A}(t))\left[\tau c_2+(\alpha_1+\alpha_2-\hat{A}(t))\varphi\psi\right]}{c_1 c_2-(\alpha_1+\alpha_2-\hat{A}(t))^2\varphi^2}+$$

$$\psi\frac{(\alpha_1+\alpha_2-\hat{A}(t))\left[\psi c_1+(\alpha_1+\alpha_2-\hat{A}(t))\varphi\tau\right]}{c_1 c_2-(\alpha_1+\alpha_2-\hat{A}(t))^2\varphi^2}+$$

$$\varphi \frac{(\alpha_1 + \alpha_2 - \hat{A}(t)) \left[\tau c_2 + (\alpha_1 + \alpha_2 - \hat{A}(t)) \varphi\psi\right]}{c_1 c_2 - (\alpha_1 + \alpha_2 - \hat{A}(t))^2 \varphi^2} *$$

$$\frac{(\alpha_1 + \alpha_2 - \hat{A}(t)) \left[\psi c_1 + (\alpha_1 + \alpha_2 - \hat{A}(t)) \varphi\tau\right]}{c_1 c_2 - (\alpha_1 + \alpha_2 - \hat{A}(t))^2 \varphi^2} \tag{5-19}$$

需要满足的约束条件为：

$$\begin{cases} \alpha_1 + \alpha_2 - \hat{A}(t) > 0 \\ c_1 c_2 - (\alpha_1 + \alpha_2 - \hat{A}(t))^2 \varphi^2 > 0 \end{cases} \tag{5-20}$$

由方程式(5-12)可得：

$$\hat{A}'(t) = d_1 - (1+k)\hat{A}(t) \tag{5-21}$$

由上式可得：

$$\hat{A}(t) = Ce^{-(k+1)t} + \frac{d_1}{1+k} \tag{5-22}$$

情形二：假设区域内某地雾霾污染事件的发生，不仅对雾霾发生地政府的政治成本产生影响，对另一地政府也会带来政治成本损失。

地区一的环境效益函数可以表示为：

$$W_1 = \int_0^t \left[\alpha_1 r(\mu_1(t), \mu_2(t)) - \frac{1}{2}c_1\mu_1^2(t) - d_1 s_1(t)\right] e^{-t} dt \tag{5-23}$$

地区二的环境效益函数可以表示为：

$$W_2 = \int_0^t \left[\alpha_2 r(\mu_1(t), \mu_2(t)) - \frac{1}{2}c_2\mu_2^2(t) - d_2 s_2(t)\right] e^{-t} d \tag{5-24}$$

地区一和地区二构建雾霾污染协同治理关系，其利益诉求是使整个区域的环境效益最大化。于是区域整体环境效益最大化的问题就如下所示：

$$\begin{aligned} MaxW(t,s) &= Max(W_1 + W_2) \\ &= Max \int_0^t \left\{\left[\alpha_1 r(\mu_1(t), \mu_2(t)) - \frac{1}{2}c_1\mu_1^2(t) - d_1 s_1(t) + \right.\right. \\ &\quad \left.\left. \alpha_2 r(\mu_1(t), \mu_2(t)) - \frac{1}{2}c_2\mu_2^2(t) - d_2 s_2(t)\right]\right\} e^{-t} dt \\ &\quad \text{s.t. } s_i^*(t) = s_i(t) + k s_i(t) - r(\mu_1(t), \mu_2(t)), s(t_0) = s_0 \end{aligned} \tag{5-25}$$

博弈期$[0,t]$内，地区一和地区二组成的雾霾污染协同治理联盟取得的环境效益为：

$$W(t,s) = \int_0^t \left[\alpha_1 r(\mu_1(t), \mu_2(t)) - \frac{1}{2}c_1\mu_1^2(t) - d_1 s_1(t) + \alpha_2 r(\mu_1(t), \mu_2(t)) - \right. \\ \left. \frac{1}{2}c_2\mu_2^2(t) - d_2 s_2(t)\right] e^{-t} dt \tag{5-26}$$

运用贝尔曼方程法来计算，得出以下方程：

$$\begin{aligned} -W_t(t,s) &= \max_{\mu_1(t), \mu_2(t)} \int_0^t \left[\alpha_1 r(\mu_1(t), \mu_2(t)) - \frac{1}{2}c_1\mu_1^2(t) - d_1 s_1(t) + \right. \\ &\quad \left. \alpha_2 r(\mu_1(t), \mu_2(t)) - \frac{1}{2}c_2\mu_2^2(t) - d_2 s_2(t)\right] e^{-t} dt + \\ &\quad W_s(t,s)\left[s_i(t) + k s_i(t) - r(\mu_1(t), \mu_2(t))\right] \end{aligned} \tag{5-27}$$

地区一的最优策略记为 $\mu_1^*(t)$，地区二的最优策略记为 $\mu_2^*(t)$，由最大化原理可以得出：

$$\mu_1^*(t) = \frac{\alpha_1 + \alpha_2 - W_s(t,s)}{c_1}(\tau + \varphi(\mu_2(t))) \tag{5-28}$$

$$\mu_2^*(t) = \frac{\alpha_1 + \alpha_2 - W_s(t,s)}{c_2}(\psi + \varphi(\mu_1(t))) \tag{5-29}$$

令 $W(t,s) = [\hat{A}(t)s + \hat{B}(t)]e^{-t}$，可得

$$\mu_1^*(t) = \frac{\alpha_1 + \alpha_2 - \hat{A}(t)}{c_1}(\tau + \varphi(\mu_2(t))) \tag{5-30}$$

$$\mu_2^*(t) = \frac{\alpha_1 + \alpha_2 - \hat{A}(t)}{c_2}(\psi + \varphi(\mu_1(t))) \tag{5-31}$$

将上述两式联立，可以得到：

$$\mu_1^*(t) = \frac{(\alpha_1 + \alpha_2 - \hat{A}(t))[\tau c_2 + (\alpha_1 + \alpha_2 - \hat{A}(t))\varphi\psi]}{c_1 c_2 - (\alpha_1 + \alpha_2 - \hat{A}(t))^2\varphi^2} \tag{5-32}$$

$$\mu_2^*(t) = \frac{(\alpha_1 + \alpha_2 - \hat{A}(t))[\psi c_1 + (\alpha_1 + \alpha_2 - \hat{A}(t))\varphi\tau]}{c_1 c_2 - (\alpha_1 + \alpha_2 - \hat{A}(t))^2\varphi^2} \tag{5-33}$$

$$\begin{aligned}
r(\mu_1^*(t),\mu_2^*(t)) &= \tau\mu_1^*(t) + \psi\mu_2^*(t) + \varphi(\mu_1^*(t),\mu_2^*(t)) \\
&= \tau\frac{(\alpha_1 + \alpha_2 - \hat{A}(t))[\tau c_2 + (\alpha_1 + \alpha_2 - \hat{A}(t))\varphi\psi]}{c_1 c_2 - (\alpha_1 + \alpha_2 - \hat{A}(t))^2\varphi^2} + \\
&\quad \psi\frac{(\alpha_1 + \alpha_2 - \hat{A}(t))[\psi c_1 + (\alpha_1 + \alpha_2 - \hat{A}(t))\varphi\tau]}{c_1 c_2 - (\alpha_1 + \alpha_2 - \hat{A}(t))^2\varphi^2} + \\
&\quad \varphi\frac{(\alpha_1 + \alpha_2 - \hat{A}(t))[\tau c_2 + (\alpha_1 + \alpha_2 - \hat{A}(t))\varphi\psi]}{c_1 c_2 - (\alpha_1 + \alpha_2 - \hat{A}(t))^2\varphi^2} * \\
&\quad \frac{(\alpha_1 + \alpha_2 - \hat{A}(t))[\psi c_1 + (\alpha_1 + \alpha_2 - \hat{A}(t))\varphi\tau]}{c_1 c_2 - (\alpha_1 + \alpha_2 - \hat{A}(t))2\varphi^2}
\end{aligned} \tag{5-34}$$

需要满足的约束条件为：

$$\begin{cases} \alpha_1 + \alpha_2 - \hat{A}(t) > 0 \\ c_1 c_2 - (\alpha_1 + \alpha_2 - \hat{A}(t))^2\varphi^2 > 0 \end{cases} \tag{5-35}$$

由方程式(5-26)可以得出：

$$\hat{A}'(t) = (d_1 + d_2) - (1+k)\hat{A}(t) \tag{5-36}$$

由上式可得：

$$\hat{A}(t) = Ce^{-(k+1)t} + \frac{d_1 + d_2}{1+k} \tag{5-37}$$

综合上述两种情形的计算结果，可以得到下面的结论：

（1）区域内发生雾霾污染时，如果只对发生地政府的政治成本造成影响，那么地区一和

地区二的均衡努力程度与各自支付的治理成本负相关,下降梯度分别是:

$$\frac{c_2(\alpha_1+\alpha_2-\hat{A}(t))[\tau c_2+(\alpha_1+\alpha_2-\hat{A}(t))\varphi\psi]}{c_1c_2-(\alpha_1+\alpha_2-\hat{A}(t))^2\varphi^2}$$

$$\frac{c_1(\alpha_1+\alpha_2-\hat{A}(t))[\psi c_1+(\alpha_1+\alpha_2-\hat{A}(t))\varphi\psi]}{c_1c_2-(\alpha_1+\alpha_2-\hat{A}(t))^2\varphi^2}$$

证明:

将 $\mu_1^*(t)$ 关于 c_1 求一阶偏导,

$$\frac{\partial \mu_1^*(t)}{\partial c_1}=\frac{-c_2(\alpha_1+\alpha_2-\hat{A}(t))[\tau c_2+(\alpha_1+\alpha_2-\hat{A}(t))\varphi\psi]}{c_1c_2-(\alpha_1+\alpha_2-\hat{A}(t))^2\varphi^2}<0$$

说明 $\mu_1^*(t)$ 关于 c_1 单调递减,意味着当治理成本下降时,会提高治理雾霾污染的努力程度,进而会提高雾霾治理的积极性。

将 $\mu_2^*(t)$ 关于 c_2 求一阶偏导,

$$\frac{\partial \mu_2^*(t)}{\partial c_2}=\frac{-c_1(\alpha_1+\alpha_2-\hat{A}(t))[\psi c_1+(\alpha_1+\alpha_2-\hat{A}(t))\varphi\tau]}{c_1c_2-(\alpha_1+\alpha_2-\hat{A}(t))^2\varphi^2}<0$$

说明 $\mu_2^*(t)$ 关于 c_2 单调递减,意味着当另一地政府治理成本下降时,会提高其治理雾霾污染的努力程度,进而会提高雾霾治理的积极性。

(2)区域内发生雾霾污染时,不仅对雾霾发生地政府的政治成本产生影响,对区域内另一地政府也会带来政治成本损失,那么地区一和地区二的均衡努力程度与各自支付的治理成本负相关,下降梯度分别是:

$$\frac{c_2(\alpha_1+\alpha_2-\hat{A}(t))[\tau c_2+(\alpha_1+\alpha_2-\hat{A}(t))\varphi\psi]}{c_1c_2-(\alpha_1+\alpha_2-\hat{A}(t))^2\varphi^2}$$

$$\frac{c_1(\alpha_1+\alpha_2-\hat{A}(t))[\psi c_1+(\alpha_1+\alpha_2-\hat{A}(t))\varphi\tau]}{c_1c_2-(\alpha_1+\alpha_2-\hat{A}(t))^2\varphi^2}$$

证明:

将 $\mu_1^*(t)$ 关于 c_1 求一阶偏导,

$$\frac{\partial \mu_1^*(t)}{\partial c_1}=\frac{-c_2(\alpha_1+\alpha_2-\hat{A}(t))[\tau c_2+(\alpha_1+\alpha_2-\hat{A}(t))\varphi\psi]}{c_1c_2-(\alpha_1+\alpha_2-\hat{A}(t))^2\varphi^2}<0$$

说明 $\mu_1^*(t)$ 关于 c_1 单调递减,意味着当治理成本下降时,会提高治理雾霾污染的努力程度,进而会增加雾霾治理的积极性。

将 $\mu_2^*(t)$ 关于 c_2 求一阶偏导,

$$\frac{\partial \mu_2^*(t)}{\partial c_2}=\frac{-c_1(\alpha_1+\alpha_2-\hat{A}(t))[\psi c_1+(\alpha_1+\alpha_2-\hat{A}(t))\varphi\tau]}{c_1c_2-(\alpha_1+\alpha_2-\hat{A}(t))^2\varphi^2}<0$$

说明 $\mu_2^*(t)$ 关于 c_2 单调递减,意味着当另一地政府治理成本下降时,会提高其治理雾霾污染的努力程度,进而会增加雾霾治理的积极性。

对上述两种情况进行对比,得到下述结论:

（3）如果雾霾污染发生后，对区域内所有地区的政治成本都产生影响，政府在雾霾污染治理时会存在一定程度的"搭便车"行为。

证明：

对比情形一和情形二的 $\mu_1^*(t)$、$\mu_2^*(t)$ 时，二者的差异在于不同情形下的 $\hat{A}(t)$。把 $\hat{A}(t)$ 当作一个参数，使得 $\mu_1^*(t)$、$\mu_2^*(t)$ 对于 $\hat{A}(t)$ 求导，得到：

$$\frac{\partial \mu_1^*(t)}{\partial \hat{A}(t)} = \frac{-[\tau c_2 + 2(\alpha_1 + \alpha_2 - \hat{A}(t))\varphi\psi][c_1 c_2 - (\alpha_1 + \alpha_2 - \hat{A}(t))^2 \varphi^2]}{[c_1 c_2 - (\alpha_1 + \alpha_2 - \hat{A}(t))^2 \varphi^2]^2} +$$

$$\frac{-2\varphi^2(\alpha_1 + \alpha_2 - \hat{A}(t))2[\tau c_2 + (\alpha_1 + \alpha_2 - \hat{A}(t))\varphi\psi]}{[c_1 c_2 - (\alpha_1 + \alpha_2 - \hat{A}(t))^2 \varphi^2]^2} < 0 \qquad (5\text{-}38)$$

$$\frac{\partial \mu_2^*(t)}{\partial \hat{A}(t)} = \frac{-[\psi c_1 + 2(\alpha_1 + \alpha_2 - \hat{A}(t))\varphi\tau][c_1 c_2 - (\alpha_1 + \alpha_2 - \hat{A}(t))^2 \varphi^2]}{[c_1 c_2 - (\alpha_1 + \alpha_2 - \hat{A}(t))^2 \varphi^2]^2} +$$

$$\frac{-2\varphi^2(\alpha_1 + \alpha_2 - \hat{A}(t))^2[\psi c_1 + (\alpha_1 + \alpha_2 - \hat{A}(t))\varphi\tau]}{[c_1 c_2 - (\alpha_1 + \alpha_2 - \hat{A}(t))2\varphi^2]^2} < 0 \qquad (5\text{-}39)$$

由此可以证明 $\mu_1^*(t)$、$\mu_2^*(t)$ 分别关于 $\hat{A}(t)$ 单调递减，由于情形一中的 $\hat{A}(t)$ 小于情形二中的 $\hat{A}(t)$，所以情形二下的 $\mu_1^*(t)$ 大于情形一下的 $\mu_1^*(t)^*$，情形二下的 $\mu_2^*(t)$ 大于情形一下的 $\mu_2^*(t)$，于是可以知道情形二下的 $r(\mu_1(t), \mu_2(t))$ 大于情形一下的 $r(\mu_1(t), \mu_2(t))$，这就意味着地区一和地区二雾霾污染治理的努力程度都小于区域内雾霾污染事件的发生仅对本地政府的政治成本产生影响时各自的努力程度。这是因为当区域内雾霾污染事件的发生，对区域内所有地区政府的政治成本都产生影响时，由于雾霾污染治理具有公共产品的特点，这会使得区域内各个地区都存在一定程度的"搭便车"行为，都依赖于其他地区政府进行治理，而减少本地的治理成本。

情形三：在第二种情形的基础上加入监督、激励、惩罚机制。

区域内各个地区进行雾霾污染的联合治理时，各个地区出于自身政治利益和经济利益的考虑，可能会采取只追求本地区利益而忽视整体利益的行为。因此，为约束各方的行为，中央政府需要设置一定的激励机制，对各地方政府进行有效地监督、考核、惩罚，来提高各个地区政府雾霾污染治理的积极性，提高其协同收益。

于是，本书在第二种情形的基础上增加以下假设条件：引入监督、考核、惩罚机制。如果某地政府没有积极治理雾霾污染，在中央政府对其进行考核不合格时，要对其相应地做出惩罚，其大小表示为 $\eta\lambda_i[p_i u_i(t) - p_0 u_0(t)]/2$，其中 η_i 代表惩罚系数，λ_i 表示监督的力度，当监督力度越大时，该地区不积极治理雾霾行为被发现的可能性就越大。$p_0 u_0(t)$ 代表雾霾治理的考核标准，$p_i u_i(t)$ 为地区考核水平，p_i 代表绩效水平系数。因而，对地区一的惩罚用 $\eta_1\lambda_1[p_1 u_1(t) - p_0 u_0(t)]/2$ 表示，对地区二的惩罚用 $\eta_2\lambda_2[p_2 u_2(t) - p_0 u_0(t)]/2$。当 $p_1 u_1(t) \geqslant p_0 u_0(t)$ 时，对地区一不进行惩罚；当 $p_1 u_1(t) < p_0 u_0(t)$ 时，对地区一进行惩罚；同理，当 $p_2 u_2(t) \geqslant p_0 u_0(t)$ 时，对地区二不进行惩罚；当 $p_2 u_2(t) < p_0 u_0(t)$ 时，对地区二进行惩罚。

在这种情况下，地区一的环境效益函数为：

$$W_1 = \int_0^t \left[\alpha_1 r(\mu_1(t), \mu_2(t)) - \frac{1}{2} c_1 \mu_1^2(t) - d_1 s_1(t) + \eta_1 \lambda_1 [p_1 u_1(t) - p_0 u_0(t)] / 2 \right] \mathrm{e}^{-t} \mathrm{d}t$$

$$(5\text{-}40)$$

地区二的环境效益函数为：

$$W_2 = \int_0^t \left[\alpha_2 r(\mu_1(t), \mu_2(t)) - \frac{1}{2} c_2 \mu_2^2(t) - d_2 s_2(t) + \eta_2 \lambda_2 [p_2 u_2(t) - p_0 u_0(t)] / 2 \right] \mathrm{e}^{-t} \mathrm{d}t$$

$$(5\text{-}41)$$

地区一和地区二构建雾霾污染协同治理关系，其利益诉求是使整个区域的环境效益最大化。于是区域整体环境效益最大化的问题就如下所示：

$$\mathrm{Max} W(t, s) = \mathrm{Max}(W_1 + W_2) =$$

$$\mathrm{Max} \int_0^t \left\{ \left[\alpha_1 r(\mu_1(t), \mu_2(t)) - \frac{1}{2} c_1 \mu_1^2(t) - d_1 s_1(t) + \frac{\eta_1 \lambda_1 [p_1 u_1(t) - p_0 u_0(t)]}{2} + \right. \right.$$

$$\left. \alpha_2 r(\mu_1(t), \mu_2(t)) - \frac{1}{2} c_2 \mu_2^2(t) - d_2 s_2(t) + \eta_2 \lambda_2 [p_2 u_2(t) - p_0 u_0(t)] / 2 \right\} \mathrm{e}^{-t} \mathrm{d}t$$

$$\mathrm{s.t.} \ s_i^*(t) = s_i(t) + k s_i(t) - r(\mu_1(t), \mu_2(t)), s(t_0) = s_0 \qquad (5\text{-}42)$$

运用贝尔曼方程法来计算，得出以下方程：

$$-W_t(t, s) = \max_{\mu_1(t), \mu_2(t)} \int_0^t \left[\alpha_1 r(\mu_1(t), \mu_2(t)) - \frac{1}{2} c_1 \mu_1^2(t) - \right.$$

$$d_1 s_1(t) + \frac{\eta_1 \lambda_1 [p_1 u_1(t) - p_0 u_0(t)]}{2} + \alpha_2 r(\mu_1(t), \mu_2(t)) -$$

$$\frac{1}{2} c_2 \mu_2^2(t) - d_2 s_2(t) + \eta_2 \lambda_2 [p_2 u_2(t) - p_0 u_0(t)] / 2 \right] \mathrm{e}^{-t} \mathrm{d}t +$$

$$W_s(t, s) [s_i(t) + k s_i(t) - r(\mu_1(t), \mu_2(t))] \qquad (5\text{-}43)$$

地区一的最优策略记为 $\mu_1^*(t)$，地区二的最优策略记为 $\mu_2^*(t)$，由最大化原理可以得出：

$$\mu_1^*(t) = \frac{\alpha_1 + \alpha_2 - W_s(t, s)}{c_1} (\tau + \varphi(\mu_2(t))) + \frac{\eta_1 \lambda_1 p_1}{2 c_1} \qquad (5\text{-}44)$$

$$\mu_2^*(t) = \frac{\alpha_1 + \alpha_2 - W_s(t, s)}{c_2} (\psi + \varphi(\mu_1(t))) + \frac{\eta_2 \lambda_2 p_2}{2 c_2} \qquad (5\text{-}45)$$

令 $W(t, s) = [\hat{A}(t) s + \hat{B}(t)] \mathrm{e}^{-t}$，可得

$$\mu_1^*(t) = \frac{\alpha_1 + \alpha_2 - \hat{A}(t)}{c_1} (\tau + \varphi(\mu_2(t))) + \frac{\eta_1 \lambda_1 p_1}{2 c_1} \qquad (5\text{-}46)$$

$$\mu_2^*(t) = \frac{\alpha_1 + \alpha_2 - \hat{A}(t)}{c_2} (\psi + \varphi(\mu_1(t))) + \frac{\eta_2 \lambda_2 p_2}{2 c_2} \qquad (5\text{-}47)$$

将上述两式联立，可以得到：

$$\mu_1^*(t) = \frac{(\alpha_1 + \alpha_2 - \hat{A}(t)) [\tau c_2 + (\alpha_1 + \alpha_2 - \hat{A}(t)) \varphi \psi]}{c_1 c_2 - (\alpha_1 + \alpha_2 - \hat{A}(t))^2 \varphi^2} +$$

$$\frac{(\alpha_1 + \alpha_2 - \hat{A}(t)) \varphi \eta_2 \lambda_2 p_2 + \eta_1 \lambda_1 p_1 c_2}{2 [c_1 c_2 - (\alpha_1 + \alpha_2 - \hat{A}(t))^2 \varphi^2]}$$

$$(5\text{-}48)$$

$$\mu_2^*(t) = \frac{(\alpha_1 + \alpha_2 - \hat{A}(t)) [\psi c_1 + (\alpha_1 + \alpha_2 - \hat{A}(t)) \varphi \tau]}{c_1 c_2 - (\alpha_1 + \alpha_2 - \hat{A}(t))^2 \varphi^2} +$$

$$\frac{(\alpha_1 + \alpha_2 - \hat{A}(t)) \varphi \eta_1 \lambda_1 p_1 + \eta_2 \lambda_2 p_2 c_1}{2[c_1 c_2 - (\alpha_1 + \alpha_2 - \hat{A}(t))^2 \varphi^2]} \tag{5-49}$$

$$r(\mu_1^*(t), \mu_2^*(t)) = \tau \mu_1^*(t) + \psi \mu_2^*(t) + \varphi(\mu_1^*(t), \mu_2^*(t))$$

$$= \tau \left[\frac{(\alpha_1 + \alpha_2 - \hat{A}(t)) [\tau c_2 + (\alpha_1 + \alpha_2 - \hat{A}(t)) \varphi \psi]}{c_1 c_2 - (\alpha_1 + \alpha_2 - \hat{A}(t))^2 \varphi^2} + \right.$$

$$\left. \frac{(\alpha_1 + \alpha_2 - \hat{A}(t)) \varphi \eta_2 \lambda_2 p_2 + \eta_1 \lambda_1 p_1 c_2}{2[c_1 c_2 - (\alpha_1 + \alpha_2 - \hat{A}(t))^2 \varphi^2]} \right] +$$

$$\psi \left[\frac{(\alpha_1 + \alpha_2 - \hat{A}(t)) [\psi c_1 + (\alpha_1 + \alpha_2 - \hat{A}(t)) \varphi \tau]}{c_1 c_2 - (\alpha_1 + \alpha_2 - \hat{A}(t))^2 \varphi^2} + \right.$$

$$\left. \frac{(\alpha_1 + \alpha_2 - \hat{A}(t)) \varphi \eta_1 \lambda_1 p_1 + \eta_2 \lambda_2 p_2 c_1}{2[c_1 c_2 - (\alpha_1 + \alpha_2 - \hat{A}(t))^2 \varphi^2]} \right] +$$

$$\varphi \left[\frac{(\alpha_1 + \alpha_2 - \hat{A}(t)) [\tau c_2 + (\alpha_1 + \alpha_2 - \hat{A}(t)) \varphi \psi]}{c_1 c_2 - (\alpha_1 + \alpha_2 - \hat{A}(t))^2 \varphi^2} + \right.$$

$$\left. \frac{(\alpha_1 + \alpha_2 - \hat{A}(t)) \varphi \eta_2 \lambda_2 p_2 + \eta_1 \lambda_1 p_1 c_2}{2[c_1 c_2 - (\alpha_1 + \alpha_2 - \hat{A}(t))^2 \varphi^2]} \right]^*$$

$$\left[\frac{(\alpha_1 + \alpha_2 - \hat{A}(t)) [\psi c_1 + (\alpha_1 + \alpha_2 - \hat{A}(t)) \varphi \tau]}{c_1 c_2 - (\alpha_1 + \alpha_2 - \hat{A}(t))^2 \varphi^2} + \right.$$

$$\left. \frac{(\alpha_1 + \alpha_2 - \hat{A}(t)) \varphi \eta_1 \lambda_1 p_1 + \eta_2 \lambda_2 p_2 c_1}{2[c_1 c_2 - (\alpha_1 + \alpha_2 - \hat{A}(t))^2 \varphi^2]} \right] \tag{5-50}$$

需要满足的约束条件为:

$$\begin{cases} \alpha_1 + \alpha_2 - \hat{A}(t) > 0 \\ c_1 c_2 - (\alpha_1 + \alpha_2 - \hat{A}(t))^2 \varphi^2 > 0 \end{cases} \tag{5-51}$$

由方程式(5-43)可得:

$$\hat{A}'(t) = (d_1 + d_2) - (1 + k)\hat{A}(t) \tag{5-52}$$

由上式可得:

$$\hat{A}(t) = C e^{-(k+1)t} + \frac{d_1 + d_2}{1 + k} \tag{5-53}$$

根据上面的结果可以得到如下结论:

(1) 区域内地区一与地区二雾霾治理的努力程度与各自支付的成本呈现负相关的关

系,下降梯度分别是:$\dfrac{c_2(\alpha_1 + \alpha_2 - \hat{A}(t)) [\tau c_2 + (\alpha_1 + \alpha_2 - \hat{A}(t)) \varphi \psi]}{[c_1 c_2 - (\alpha_1 + \alpha_2 - \hat{A}(t))^2 \varphi^2]^2} +$

$$\frac{c_2\left[(\alpha_1+\alpha_2-\widehat{A}(t))\varphi\eta_2\lambda_2 p_2+\eta_1\lambda_1 p_1 c_2\right]}{2\left[c_1 c_2-(\alpha_1+\alpha_2-\widehat{A}(t))^2\varphi^2\right]^2},\frac{c_1(\alpha_1+\alpha_2-\widehat{A}(t))\left[\psi c_1+(\alpha_1+\alpha_2-\widehat{A}(t))\varphi\tau\right]}{\left[c_1 c_2-(\alpha_1+\alpha_2-\widehat{A}(t))^2\varphi^2\right]^2}+$$

$$\frac{c_1\left[(\alpha_1+\alpha_2-\widehat{A}(t))\varphi\eta_1\lambda_1 p_1+\eta_2\lambda_2 p_2 c_1\right]}{2\left[c_1 c_2-(\alpha_1+\alpha_2-\widehat{A}(t))^2\varphi^2\right]^2}$$

证明：

将 $\mu_1^*(t)$ 关于 c_1 求一阶偏导，

$$\frac{\partial\mu_1^*(t)}{\partial c_1}=\frac{-c_2(\alpha_1+\alpha_2-\widehat{A}(t))\left[\tau c_2+(\alpha_1+\alpha_2-\widehat{A}(t))\varphi\psi\right]}{\left[c_1 c_2-(\alpha_1+\alpha_2-\widehat{A}(t))^2\varphi^2\right]^2}+$$

$$\frac{-c_2\left[(\alpha_1+\alpha_2-\widehat{A}(t))\varphi\eta_2\lambda_2 p_2+\eta_1\lambda_1 p_1 c_2\right]}{2\left[c_1 c_2-(\alpha_1+\alpha_2-\widehat{A}(t))^2\varphi^2\right]^2}<0$$

说明 $\mu_1^*(t)$ 关于 c_1 单调递减，意味着当治理成本下降时，会提高治理雾霾污染的努力程度，进而会提高雾霾治理的积极性。

将 $\mu_2^*(t)$ 关于 c_2 求一阶偏导，

$$\frac{\partial\mu_2^*(t)}{\partial c_2}=\frac{-c_1(\alpha_1+\alpha_2-\widehat{A}(t))\left[\psi c_1+(\alpha_1+\alpha_2-\widehat{A}(t))\varphi\tau\right]}{\left[c_1 c_2-(\alpha_1+\alpha_2-\widehat{A}(t))^2\varphi^2\right]^2}+$$

$$\frac{-c_1\left[(\alpha_1+\alpha_2-\widehat{A}(t))\varphi\eta_1\lambda_1 p_1+\eta_2\lambda_2 p_2 c_1\right]}{2\left[c_1 c_2-(\alpha_1+\alpha_2-\widehat{A}(t))^2\varphi^2\right]^2}<0$$

说明 $\mu_2^*(t)$ 关于 c_2 单调递减，意味着当另一地政府治理成本下降时，会提高其治理雾霾污染的努力程度，进而会提高雾霾治理的积极性。

（2）区域内地区一与地区二雾霾治理的努力程度与监督力度呈现正相关的关系，上升梯度分别是：$\dfrac{\eta_1 p_1 c_2}{2\left[c_1 c_2-(\alpha_1+\alpha_2-\widehat{A}(t))^2\varphi^2\right]}$、$\dfrac{\eta_2 p_2 c_1}{2\left[c_1 c_2-(\alpha_1+\alpha_2-\widehat{A}(t))^2\varphi^2\right]}$。

证明：

将 $\mu_1^*(t)$ 关于 λ_1 求一阶偏导，$\dfrac{\partial\mu_1^*(t)}{\partial\lambda_1}=\dfrac{\eta_1 p_1 c_2}{2\left[c_1 c_2-(\alpha_1+\alpha_2-\widehat{A}(t))^2\varphi^2\right]}$，由于 η_1、p_1、c_2 都大于零，因此 $\dfrac{\eta_1 p_1 c_2}{2\left[c_1 c_2-(\alpha_1+\alpha_2-\widehat{A}(t))^2\varphi^2\right]}>0$，这意味着 $\dfrac{\partial\mu_1(t)^*}{\partial\lambda_1}>0$，说明 $\mu_1(t)^*$ 关于 λ_1 单调递增，意味着雾霾治理中，对地区一的监督力度越大，则会提高地区一治理雾霾污染的努力程度。

同理，将 $\mu_2(t)^*$ 关于 λ_2 求一阶偏导，$\dfrac{\partial\mu_2(t)^*}{\partial\lambda_2}=\dfrac{\eta_2 p_2 c_1}{2\left[c_1 c_2-(\alpha_1+\alpha_2-\widehat{A}(t)2\varphi^2\right]}$，由于 η_2、p_2、c_1 都大于零，因此 $\dfrac{\eta_2 p_2 c_1}{2\left[c_1 c_2-(\alpha_1+\alpha_2-\widehat{A}(t))^2\varphi^2\right]}>0$，这意味着 $\dfrac{\partial\mu_2^*(t)}{\partial\lambda_2}>0$，说明 $\mu_2^*(t)$ 关于 λ_2 单调递增，意味着雾霾治理中，对地区二的监督力度越大，则会提高地区二治理雾霾污染的努力程度。

（3）地区一与地区二雾霾污染协同治理的努力程度都与绩效考核力度呈现正相关的关

系,上升梯度分别是:$\dfrac{\eta_1\lambda_1 c_2}{2[c_1 c_2-(\alpha_1+\alpha_2-\widehat{A}(t))^2\varphi^2]}$、$\dfrac{\eta_2\lambda_2 c_1}{2[c_1 c_2-(\alpha_1+\alpha_2-\widehat{A}(t))^2\varphi^2]}$。

证明:

将 $\mu_1^*(t)$ 关于 p_1 求一阶偏导,$\dfrac{\partial\mu_1^*(t)}{\partial p_1}=\dfrac{\eta_1\lambda_1 c_2}{2[c_1 c_2-(\alpha_1+\alpha_2-\widehat{A}(t))^2\varphi^2]}$,由于 η_1、λ_1、c_2

都大于零,因此 $\dfrac{\eta_1\lambda_1 c_2}{2[c_1 c_2-(\alpha_1+\alpha_2-\widehat{A}(t))^2\varphi^2]}>0$,这意味着 $\dfrac{\partial\mu_1(t)^*}{\partial p_1}>0$,说明 $\mu_1(t)^*$ 关

于 p_1 单调递增,意味着雾霾治理中,对地区一的绩效考核水平越高,则会提高地区一治理雾霾污染的努力程度。

同理,将 $\mu_2^*(t)$ 关于 p_2 求一阶偏导,$\dfrac{\partial\mu_2^*(t)}{\partial p_2}=\dfrac{\eta_2\lambda_2 c_1}{2[c_1 c_2-(\alpha_1+\alpha_2-\widehat{A}(t))^2\varphi^2]}$,由于

η_2、λ_2、c_1 都大于零,因此 $\dfrac{\eta_2\lambda_2 c_1}{2[c_1 c_2-(\alpha_1+\alpha_2-\widehat{A}(t))^2\varphi^2]}>0$,这意味着 $\dfrac{\partial\mu_2^*(t)}{\partial p_2}>0$,说明

$\mu_2^*(t)$ 关于 p_2 单调递增,意味着雾霾治理中,对地区二的绩效考核水平越高,则会提高地区二治理雾霾污染的努力程度。

(4)地区一与地区二雾霾污染协同治理的努力程度都与惩罚程度呈现正相关的关系,

上升梯度分别是:$\dfrac{p_1\lambda_1 c_2}{2[c_1 c_2-(\alpha_1+\alpha_2-\widehat{A}(t))^2\varphi^2]}$、$\dfrac{p_2\lambda_2 c_1}{2[c_1 c_2-(\alpha_1+\alpha_2-\widehat{A}(t))^2\varphi^2]}$

证明:

将 $\mu_1^*(t)$ 关于 η_1 求一阶偏导,$\dfrac{\partial\mu_1^*(t)}{\partial\eta_1}=\dfrac{p_1\lambda_1 c_2}{2[c_1 c_2-(\alpha_1+\alpha_2-\widehat{A}(t))^2\varphi^2]}$,由于 p_1、λ_1、c_2

都大于零,因此 $\dfrac{p_1\lambda_1 c_2}{2[c_1 c_2-(\alpha_1+\alpha_2-\widehat{A}(t))^2\varphi^2]}>0$,这意味着 $\dfrac{\partial\mu_1^*(t)}{\partial\eta_1}>0$,说明 $\mu_1^*(t)$ 关于

η_1 单调递增,意味着雾霾治理中,对地区一的惩罚力度越大,则会提高地区一治理雾霾污染的努力程度。

同理,将 $\mu_2(t)^*$ 关于 η_2 求一阶偏导,$\dfrac{\partial\mu_2(t)^*}{\partial\eta_2}=\dfrac{\eta_1\lambda_1 c_2}{2[c_1 c_2-(\alpha_1+\alpha_2-\widehat{A}(t))^2\varphi^2]}$,由于

η_1、λ_1、c_2 都大于零,因此 $\dfrac{\eta_1\lambda_1 c_2}{2[c_1 c_2-(\alpha_1+\alpha_2-\widehat{A}(t))^2\varphi^2]}>0$,这意味着 $\dfrac{\partial\mu_2(t)^*}{\partial\eta_2}>0$,说明

$\mu_2^*(t)$ 关于 η_2 单调递增,意味着雾霾治理中,对地区二的惩罚力度越大,则会提高地区二治理雾霾污染的努力程度。

(5)在第二种情形基础上,由中央政府设置一定的激励机制,引入监督、考核、惩罚机制后,可以有效减少各个地区政府雾霾治理时的"搭便车"行为,提升各地区政府雾霾协同治理的积极性,提高协同收益。

证明:

对第二种情形和第三种情形的 $\mu_1^*(t)$、$\mu_2^*(t)$、$r(\mu_1^*(t),\mu_2^*(t))$ 对比分析,可以发现,第三种情形中的 $\mu_1^*(t)$ 与第二种情形中的 $\mu_1^*(t)$, 它们的差值是

$$\frac{c_2\left[\left(\alpha_1+\alpha_2-\hat{A}(t)\right)\varphi\eta_2\lambda_2 p_2+\eta_1\lambda_1 p_1 c_2\right]}{2\left[c_1 c_2-\left(\alpha_1+\alpha_2-\hat{A}(t)\right)^2\varphi^2\right]^2}$$，且大于0；第三种情形中的 $\mu_2^*(t)$ 与第二种情形

中的 $\mu_2^*(t)$，它们的差值是 $\dfrac{c_1\left[\left(\alpha_1+\alpha_2-\hat{A}(t)\right)\varphi\eta_1\lambda_1 p_1+\eta_2\lambda_2 p_2 c_1\right]}{2\left[c_1 c_2-\left(\alpha_1+\alpha_2-\hat{A}(t)\right)^2\varphi^2\right]^2}$，且大于0；第三种情形

中的 $r(\mu_1^*(t),\mu_2^*(t))$ 大于第二种情形中的 $r(\mu_1^*(t),\mu_2^*(t))$，因而这意味着监督、考核、惩罚机制都能够有效地约束雾霾治理主体的"搭便车"行为，提高各个治霾主体治理雾霾的积极性，提高其协同收益。

综上所述，在进行跨区域雾霾协同治理时，要对各个主体实施有法律约束力的约束，引入监督、考核、惩罚机制，来约束各个治霾主体的治理行为，使得区域内所有成员都能有效执行联合治霾协议。

5.4　数值模拟

基于上述模型，本节对相关参数进行赋值来比较不同情形下地方政府的均衡努力程度，具体参数赋值情况如表 5-1 所示。

表 5-1　参数赋值

参数	值	参数	值	参数	值	参数	值
α_1	2	τ	3	d_1	2	p_1	4
α_2	1	ψ	2	d_2	1	λ_2	3
c_1	7	φ	4	λ_1	2	η_2	4
c_2	8	k	0.5	η_1	3	p_2	5

在情形一与情形二下，地区一和地区二的均衡努力程度与各自支付的治理成本的关系图，如图 5-1、图 5-2 所示。

由图 5-1、图 5-2 可知，区域联盟内发生雾霾污染时，无论是否会对其他地区政府的政治成本带来损失，雾霾治理的均衡程度都与各自支付的治理成本呈现负相关的关系。但是，通过对图 5-1、图 5-2 两种不同情形下，地方政府雾霾治理均衡努力程度的大小进行对比，我们可以看到情形二中，地方政府雾霾污染治理的均衡努力程度都小于情形一的水平，由此验证了前面分析得出的结论，当雾霾污染发生后，对区域联盟内所有地区的政治成本都产生影响时，政府在雾霾污染治理时会存在一定程度的"搭便车"行为。

接下来，通过数值模拟第三种情形，即在第二种情形的基础上，引入监督、考核、惩罚机制时，绘制地区一与地区二政府雾霾治理均衡努力程度与各个指标的关系图，如图 5-3 所示，其中(a)、(b)、(c)三图表示为地区一政府雾霾治理的均努力程度与监督力度、绩效考核水平、惩罚力度的关系，(d)、(e)、(f)三图为地区二政府雾霾治理的均衡努力程度与监督力度、绩效考核水平、惩罚力度的关系。

由图 5-3 可以看出，当引入监督、考核、惩罚机制时，区域联盟内地区一与地区二地方政

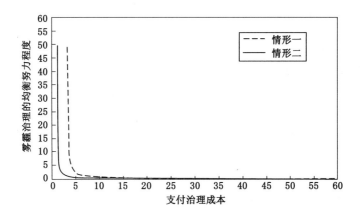

图 5-1 地区一地方政府雾霾治理的均衡努力程度与支付治理成本的关系

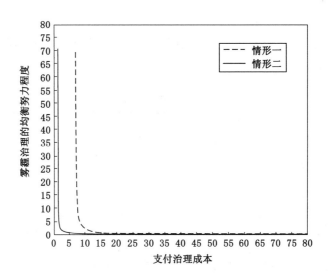

图 5-2 地区二地方政府雾霾治理的均衡努力程度与支付治理成本的关系

府雾霾治理的均努力程度与监督力度、绩效考核水平、惩罚力度均呈现正相关关系。

图 5-4、图 5-5 数值模拟了引入监督、考核、惩罚机制时,地区一与地区二政府雾霾治理的努力程度与各自支付的治理成本之间的关系,同时为了便于比较,将情形二下地区一与地区二政府雾霾治理的努力程度与各自支付的治理成本之间的关系也加入进来。

由图 5-4、图 5-5 可知,当引入监督、考核、惩罚机制时,区域联盟内地区一与地区二地方政府雾霾治理的努力程度与各自支付的成本仍然呈现负相关的关系。但是,通过对情形二与情形三下地方政府雾霾治理的努力程度进行对比,我们可以发现,情形三下地方政府雾霾污染治理的均衡努力程度都高于情形二的水平,由此验证了前面分析得出的结论,意味着监督、考核、惩罚机制都能够有效地约束雾霾治理主体的"搭便车"行为,提高各个治霾主体治理雾霾的积极性,提高其协同收益。

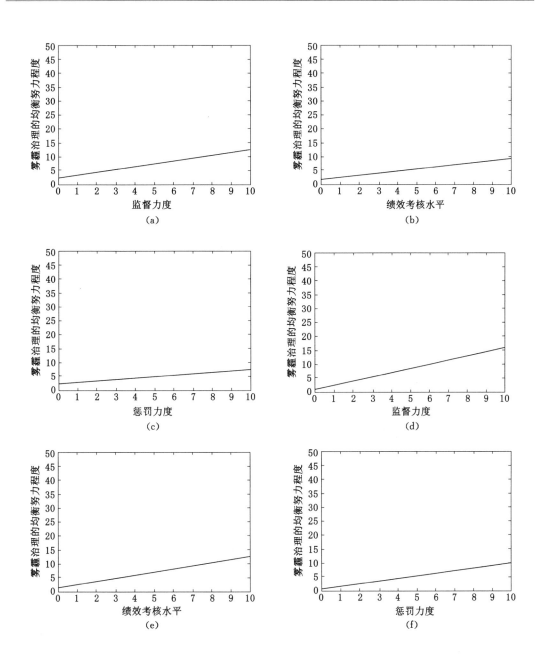

图 5-3 地区一与地区二政府均衡努力程度与监督力度、绩效考核水平、惩罚力度的关系

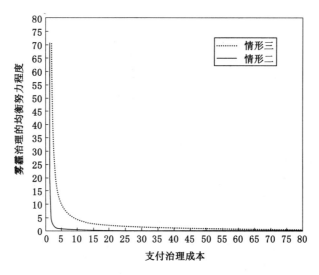

图 5-4　地区一地方政府雾霾治理的均衡努力程度与支付治理成本的关系

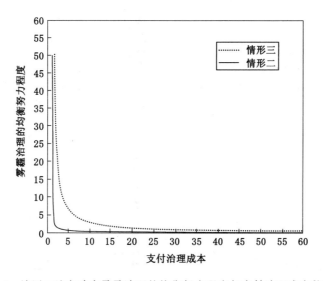

图 5-5　地区二地方政府雾霾治理的均衡努力程度与支付治理成本的关系

5.5　本章小结

　　本章基于雾霾污染的跨域联合治理,采用微分博弈方法,根据区域联盟内雾霾污染治理时的不同情况,提出了三种情形,即情形一:假设区域联盟内某地雾霾污染事件的发生,仅对雾霾发生地政府的政治成本产生影响,对另一地政府没有影响;情形二:假设区域联盟内某地雾霾污染事件的发生,不仅对雾霾发生地政府的政治成本产生影响,对另一地政府也会带来政治成本损失;情形三:在情形二的基础上引入中央政府的监督、考核、惩罚机制,分别建立微分博弈模型,并两两对比分析,得出如下结论:

　　(1)三种情形下,各地方政府雾霾治理的努力程度都与自己支付的治理成本呈负相关关系；

（2）通过对第一种情形和第二种情形的对比分析，可以看出第二种情形下各地区政府治霾的努力程度都小于第一种情形下各地区政府治霾的努力程度，这意味着各地区政府在协同治霾过程中存在"搭便车"现象；

（3）通过对第二种情形和第三种情形的对比分析，可以看出第三种情形下各地区政府治霾的努力程度都大于第二种情形下各地区政府治霾的努力程度，这意味着引入监督、考核、惩罚机制后，可以提高地区政府治霾的积极性，提高治霾的协同收益。

6 地方政府与企业雾霾污染协同治理的演化博弈

6.1 问题描述

在雾霾治理过程中,由于各个治霾主体之间存在着某种程度的利益冲突,他们所作的治霾行为是出于自身利益的考虑而进行相互博弈的结果。在某一区域中,地方政府和排污企业在雾霾治理过程中存在着复杂的博弈关系。排污企业是某地雾霾治理要求的具体实施者,然而,由于企业"经济人"的属性,追求利润最大化是其根本目标,而在雾霾治理过程中需要投入大量的物力、财力,更新改造生产设备,改进绿色技术等,这就会产生雾霾治理成本,当经济效益和治理成本出现矛盾时,可能会使得排污企业会选择消极治理雾霾的策略。尤其是当政府不能有效发挥其监督作用时,会提高企业选择消极治理雾霾策略的概率。雾霾事件的频发,迫使地方政府全力以赴积极治理雾霾,出台了一系列政策及地方性的法律法规,对企业进行监督管理。但由于其社会属性,出于地方政绩的考虑,也不能完全忽视企业的经济利益,因此也会可能会做出放松对企业严格监督的举动。

面对这种错综复杂的利益矛盾,地方政府和排污企业有着各自的行为策略,经过长期博弈,他们最终决策的选择都是为了使得自己的利益达到最大化,而他们在雾霾治理过程中的策略选择又最终决定着雾霾协同治理的演化方向。在近年来发生的雾霾污染事件中,存在着排污企业主观能动性较低,不能全面配合地方政府的治霾工作,特别是会受到地方政府的监管程度的影响。研究地方政府和排污企业在雾霾治理过程中的行为策略对于掌握协同治理机理,提高排污企业积极治理雾霾的积极性,提高协同收益,改善目前的雾霾污染现状非常重要。

因而本部分在借鉴已有学者研究的基础上,基于演化博弈理论,研究地方政府和排污企业两个主体的行为策略选择及其影响因素,提出相应的对策建议,以提高排污企业在雾霾治理过程中的积极性。

6.2 博弈模型的构建

假设模型包括两个主体,即雾霾污染治理过程中的地方政府和企业,双方都是有限理性,他们在治霾过程中基于不同利益的考虑进行博弈。对于企业而言,作为自主经营、自负盈亏的主体,追求利润最大化是其最根本的目标,其雾霾治理的积极性会受到自身追求经济利益的约束。同时,排污企业会认为由于大气环境属于公共产品,因而政府应在治霾过程中发挥更大的作用,因而治理雾霾的积极性不高。在治霾过程中,排污企业的治霾策略分为两种:即消极应对和积极应对。一方面,排污企业可能会基于追求利润的驱动而消极应对政府的治霾工作,在工业生产时对如何降低污染排放量的工作不作为或者在改进绿色生产技术方面不增加投入;另一方面,也可能会顾忌政府对其进行惩罚,积极配合政府进行协同治理,如采用绿色环保技术,进行绿色生产转型,尽可能地降低污染物的排放。对地方政府而言,也有两种策略的选择,即严格监管排污企业行为和不严格监管。在严格监管时,当雾霾发生后,政府会严格追究排污超标企业的责任,对企业主要领导人进行行政处分或者给予财政上的处罚;地方政府也可能会基于追求本地区生产总值的需要而对污染企业不进行罚款,从而对其放松监管。

根据地方政府与排放企业之间的博弈关系,本研究做出如下模型假设:

(1)参与雾霾协同治理的主体为地方政府和企业,两个主体均为有限理性且他们的行为是相互影响的;

(2)地方政府与企业在参与雾霾治理协同治理工作中都会获得一定的协同收益,其表现形式可以是物质利益,也可以是非物质利益,比如社会声誉、公众的认可度等;

(3)地方政府监督企业的雾霾治理工作,如果对其监管严格,则在雾霾发生后,会给予污染企业相应的惩罚。

(4)企业进行工业生产,会给自己带来一定的收益;同时,为提高地区生产总值做出贡献,给地方政府也带来收益;在积极应对治霾工作时,由于改进生产工艺,加大绿色技术投入,因而需要增加治霾成本。

在模型假设的基础上,根据地方政府和企业选择各自策略时所考虑的主要因素设置相关参数,参数符号及含义设置情况见表6-1。

表6-1 主要参数及其含义

参数	含 义
R_e	企业生产收益
R_g	企业生产,给地方政府带来的收益
P	地方政府严格监管时,由于雾霾的发生,而对企业进行的惩罚
C	企业积极治霾时,需付出的治霾成本
Π_e	企业与政府协同治理时,企业获得的协同收益
Π_g	企业与政府协同治理时,政府获得的协同收益
x	企业积极治霾的概率
y	政府对企业进行罚款的概率

当企业选择积极治霾策略时,会给政府及企业带来协同收益,而在政府严格监管和不严格监管的情况下,双方所获得的协同收益大小不同。假设企业选择积极治霾策略时,在雾霾污染发生后,政府进行严格监管的情况下,会给予企业一定的惩罚,此时政府和企业的协同收益分别是Π_{g1}、Π_{e1};当企业选择积极治霾策略时,在雾霾污染发生后,政府没有进行严格监管,不给予企业惩罚,此时政府和企业的协同收益分别是Π_{g2}、Π_{e2},为了分析的简便,我们假设政府和企业在一种策略组合中所获得的收益同时高于或者同时低于另一种策略组合中的收益,即$\Pi_{g1}>\Pi_{g2}$时,$\Pi_{e1}>\Pi_{e2}$;$\Pi_{g1}<\Pi_{g2}$时,$\Pi_{e1}<\Pi_{e2}$。

根据地方政府以及企业关于雾霾污染治理博弈问题的描述和研究假设,建立地方政府、企业双方博弈模型,其支付矩阵见表 6-2。

表 6-2 地方政府—企业博弈支付矩阵

博弈方		政府	
		严格监管(y)	不严格监管($1-y$)
企业	积极治霾(x)	$R_e + \Pi_{e1} - C - P, R_g + \Pi_{g1} + P$	$R_e + \Pi_{e2} - C, R_g + \Pi_{g2}$
	消极治霾($1-x$)	$R_e - P, R_g + P$	R_e, R_g

在有限理性的假设条件下,企业选择积极治理雾霾的概率为 $x(0 \leqslant x \leqslant 1)$,选择消极治理雾霾的概率为 $1-x$;在雾霾发生后,政府对企业进行严格监管,予以惩罚的概率为 $y(0 \leqslant y \leqslant 1)$,政府选择对企业没有严格监管,不给予惩罚的概率为 $1-y$。

则企业选择积极治理雾霾策略时的收益为:

$$U_{e1} = y(R_e + \Pi_{e1} - C - P) + (1-y)(R_e + \Pi_{e2} - C) \tag{6-1}$$

企业选择消极治理雾霾策略时的收益为:

$$U_{e2} = y(R_e - P) + (1-y)R_e \tag{6-2}$$

企业的平均收益为:

$$\bar{U_e} = xU_{e1} + (1-x)U_{e2} \tag{6-3}$$

根据 Malthusian 方程,企业的复制动态方程为:

$$F(x) = \frac{d_x}{d_t} = x(U_{e1} - \bar{U_e}) = x(1-x)\left[y(\Pi_{e1} - C) + (1-y)(\Pi_{e2} - C)\right]$$
$$= x(1-x)\left[y(\Pi_{e1} - \Pi_{e2}) + \Pi_{e2} - C\right] \tag{6-4}$$

当雾霾发生后,政府选择严格监管,对企业进行惩罚策略时的收益为:

$$U_{g1} = x(R_g + \Pi_{g1} + P) + (1-x)(R_g + P) \tag{6-5}$$

政府选择不严格监管,采取免除惩罚策略时的收益为:

$$U_{g2} = x(R_g + \Pi_{g2}) + (1-x)R_g \tag{6-6}$$

政府平均收益为:

$$\bar{U_g} = yU_{g1} + (1-y)U_{g2} \tag{6-7}$$

根据 Malthusian 方程,政府的复制动态方程为:

$$F(y) = \frac{dy}{dt} = y(U_{g1} - \bar{U_g}) = y(1-y)\left[x(\Pi_{g1} - \Pi_{g2} + P) + (1-x)P\right]$$
$$= y(1-y)\left[x(\Pi_{g1} - \Pi_{g2}) + P\right] \tag{6-8}$$

由式(6-4)与式(6-8)可以组成一个二维动力系统:

$$\begin{cases} F(x) = x(1-x)\left[y(\Pi_{e1} - \Pi_{e2}) + \Pi_{e2} - C\right] \\ F(y) = y(1-y)\left[x(\Pi_{g1} - \Pi_{g2}) + P\right] \end{cases} \tag{6-9}$$

令 $F(x) = 0, F(y) = 0$,则得到两组稳定状态的解为:

$$x_1 = 0, x_2 = 1, x_3 = \frac{P}{\Pi_{g2} - \Pi_{g1}} \tag{6-10}$$

$$y_1 = 0, y_2 = 1, y_3 = \frac{\Pi_{e2} - C}{\Pi_{e2} - \Pi_{e1}} \tag{6-11}$$

6.3　演化博弈分析

6.3.1　模型稳定性分析

当 $0 < \dfrac{P}{\Pi_{g2}-\Pi_{g1}} < 1$，$0 < \dfrac{\Pi_{e2}-C}{\Pi_{e2}-\Pi_{e1}} < 1$ 时，该系统存在五个平衡点，即 $(0,0)$、$(1,0)$、$(0,1)$、$(1,1)$、$(\dfrac{P}{\Pi_{g2}-\Pi_{g1}}, \dfrac{\Pi_{e2}-C}{\Pi_{e2}-\Pi_{e1}})$。根据前面的假设条件，$\Pi_{g1} > \Pi_{g2}$ 时，$\Pi_{e1} > \Pi_{e2}$；$\Pi_{g1} < \Pi_{g2}$ 时，$\Pi_{e1} < \Pi_{e2}$，可以得出 $\Pi_{g2}-\Pi_{g1}$ 与 $\Pi_{e2}-\Pi_{e1}$ 取值的正负方向一致，即 $\Pi_{g2}-\Pi_{g1} > 0$ 时，$\Pi_{e2}-\Pi_{e1} > 0$；$\Pi_{g2}-\Pi_{g1} < 0$ 时，$\Pi_{e2}-\Pi_{e1} < 0$，且 $\Pi_{g2}-\Pi_{g1} \neq 0$，$\Pi_{e2}-\Pi_{e1} \neq 0$。

情形一：当 $y = y_3 = \dfrac{\Pi_{e2}-C}{\Pi_{e2}-\Pi_{e1}}$ 时，$F(x)$ 始终为 0，也就意味着无论 x 取任何值，系统都是处于稳定状态，这充分说明企业在长期的博弈中，不管采取积极治理雾霾策略还是消极治理雾霾策略，其效果是一样的，其策略选择具有随意性。

当 $y \neq y_3 = \dfrac{\Pi_{e2}-C}{\Pi_{e2}-\Pi_{e1}}$ 时，$x=0$，$x=1$ 是两个稳定状态，又具体分为以下两种情形。

情形二：当 $y > \dfrac{\Pi_{e2}-C}{\Pi_{e2}-\Pi_{e1}}$ 时，$x=1$ 是演化稳定策略，这就意味着企业在长期的博弈过程中将会采取积极治理雾霾的策略。

情形三：当 $y < \dfrac{\Pi_{e2}-C}{\Pi_{e2}-\Pi_{e1}}$ 时，$x=0$ 是演化稳定策略，这就意味着企业在长期的博弈过程中将会采取消极治理雾霾的策略。

上面三种情形下 x 的动态趋势及稳定性用相位图如图 6-1 所示。

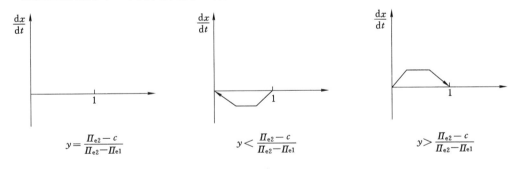

图 6-1　企业的复制动态相位图

同理，我们来分析政府的情况。

情形一：当 $x = x_3 = \dfrac{P}{\Pi_{g2}-\Pi_{g1}}$ 时，$F(y)$ 始终为 0，也就意味着无论 y 取任何值，系统都是处于稳定状态，这充分说明政府在长期的博弈中，不管对企业是否进行严格监管，其结果是一样的，因而其策略选择具有随意性。

当 $x \neq x_3 = \dfrac{P}{\Pi_{g2}-\Pi_{g1}}$ 时，$y=0$，$y=1$ 是两个稳定状态，又具体分为以下两种情形。

情形二：当 $x > \dfrac{P}{\Pi_{g2}-\Pi_{g1}}$ 时，$y=1$ 是演化稳定策略，这就意味着政府在长期的博弈过程中将会采取给予惩罚的策略；

情形三：当 $x < \dfrac{P}{\Pi_{g2}-\Pi_{g1}}$ 时，$y=0$ 是演化稳定策略，这就意味着政府在长期的博弈过程中将会采取不严格监管的策略。

上面三种情形下 y 的动态趋势及稳定性用相位图表示如图 6-2 所示。

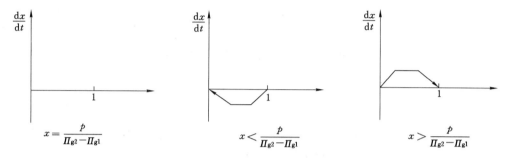

图 6-2　地方政府的复制动态相位图

6.3.2　稳定策略分析

按照 Hirshleifer 提出的演化均衡概念，如果从动态系统的某平衡点的任意小的相邻区域出发，其运动轨迹都最终向该平衡点演进，那么该平衡点就是局部渐进稳定的，也就是演化均衡点。系统在平衡点处的渐进稳定性特征可以通过系统雅可比（Jacobian）矩阵的特征值进行判断，也就是说，复制动态系统的均衡点是演化稳定策略的充分必要条件要让所有的特征值都具有负实部。系统的雅克比矩阵如下式：

$$J = \begin{bmatrix} \dfrac{dF(x)}{dx} & \dfrac{dF(x)}{dy} \\ \dfrac{dF(y)}{dx} & \dfrac{dF(y)}{dy} \end{bmatrix}$$

$$= \begin{bmatrix} (1-2x)\left[y(\Pi_{e1}-\Pi_{e2})+\Pi_{e2}-C\right] & x(1-x)(\Pi_{e1}-\Pi_{e2}) \\ y(1-y)(\Pi_{g1}-\Pi_{g2}) & (1-2y)\left[x(\Pi_{g1}-\Pi_{g2})+P\right] \end{bmatrix}$$

$$\det j = (1-2x)\left[y(\Pi_{e1}-\Pi_{e2})+\Pi_{e2}-C\right](1-2y)\left[x(\Pi_{g1}-\Pi_{g2})+P\right]$$

$$\operatorname{tr} j = (1-2x)\left[y(\Pi_{e1}-\Pi_{e2})+\Pi_{e2}-C\right]+(1-2y)\left[x(\Pi_{g1}-\Pi_{g2})+P\right]$$

计算五个均衡点的行列式 $\det j$ 和迹 $\operatorname{tr} j$，计算结果见表 6-3。

表 6-3　演化博弈模型均衡点分析

均衡点	$\det j$	$\operatorname{tr} j$
$E_1(0,0)$	$P(\Pi_{e2}-C)$	$P+\Pi_{e2}-C$
$E_2(1,0)$	$(C-\Pi_{e2})[P-(\Pi_{g2}-\Pi_{g1})]$	$(C-\Pi_{e2})-(\Pi_{g2}-\Pi_{g1})+P$
$E_3(0,1)$	$P(C-\Pi_{e1})$	$\Pi_{e1}-C-P$
$E_4(1,1)$	$(C-\Pi_{e1})[(\Pi_{g2}-\Pi_{g1})-P]$	$(C-\Pi_{e1})-[P-(\Pi_{g2}-\Pi_{g1})]$

表 6-3(续)

均衡点	det j	tr$j$
$E_5(\dfrac{P}{\Pi_{g2}-\Pi_{g1}},\dfrac{\Pi_{e2}-C}{\Pi_{e2}-\Pi_{e1}})$	$P(1-\dfrac{P}{\Pi_{g2}-\Pi_{g1}})(C-\Pi_{e2})(1-\dfrac{\Pi_{e2}-C}{\Pi_{e2}-\Pi_{e1}})$	0

当矩阵的行列式 det $j>0$，迹 tr$j<0$ 时，均衡点为演化稳定策略(ESS)。由表 6-3 可以看出，在局部均衡点 $E_5(\dfrac{P}{\Pi_{g2}-\Pi_{g1}},\dfrac{\Pi_{e2}-C}{\Pi_{e2}-\Pi_{e1}})$ 处，tr $j=0$，因此该点不是演化稳定策略。在局部均衡点 $E_1(0,0)$ 处，如果要使行列式的 det $j>0$，则 $(\Pi_{e2}-C)>0$，但在这种情况下，$P+\Pi_{e2}-C>0$，因此该点也不是演化稳定策略。下面通过对参数 C 与 Π_{e1}、Π_{e2} 的关系及 P 与 Π_{g1}、Π_{g2} 的关系进行分析，得出不同参数情形下是否存在其他演化稳定策略，结果见表 6-4。

表 6-4　不同参数情形下复制动态系统的演化稳定策略

情形	参数关系	演化稳定策略
①	$C<\Pi_{e1}<\Pi_{e2},\Pi_{g2}-\Pi_{g1}>P$	$E_2(1,0)$
②	$\Pi_{e1}<\Pi_{e2}<C,\Pi_{g2}-\Pi_{g1}>P$	$E_3(0,1)$
③	$\Pi_{e1}<C<\Pi_{e2},0<\Pi_{g2}-\Pi_{g1}<P$	$E_2(1,0)$
④	$\Pi_{e1}<\Pi_{e2}<C,0<\Pi_{g2}-\Pi_{g1}<P$	$E_3(0,1)$
⑤	$\Pi_{e2}<C<\Pi_{e1},\Pi_{g2}-\Pi_{g1}<0$	$E_4(1,1)$
⑥	$C<\Pi_{e2}<\Pi_{e1},\Pi_{g2}-\Pi_{g1}<0$	$E_4(1,1)$

由表 6-4 可以看出，在满足一定的条件下，系统存在 $E_2(1,0)$、$E_3(0,1)$、$E_4(1,1)$ 三种演化稳定策略，由此得出如下结论：

(1)在雾霾治理的长期博弈过程中，政府和排污企业两个主体的长期演化。

稳定策略会受到企业治理成本 C、协同收益 Π_{e1}、Π_{e2} 三者之间的关系以及政府惩罚力度 P、政府协同收益 Π_{g1}、Π_{g2} 三者之间的关系影响。要想控制雾霾治理博弈系统的演化方向，则要综合考虑排污企业的治理成本、政府的惩罚力度和两个主体之间协同收益等因素的影响。

(2)由情形①和③可知，当企业积极治理雾霾的成本较低或者积极治理雾霾所得的协同收益较高时，企业选择积极治理雾霾策略；政府采取不严格监管，从而免除惩罚策略的协同收益较高时，政府会选择放松对企业监管策略。经过长期反复的博弈，最后动态演化的结果是排污企业会选择积极治理雾霾策略，而政府会选择对企业放松监管策略。

(3)由情形②和④可知，当企业积极治理雾霾的成本很高或者积极治理雾霾所得的协同收益较低时，企业会选择消极治理雾霾策略。政府迫于治霾的压力，必须对企业进行严格监管，否则雾霾污染会进一步加剧。经过长期博弈，排污企业会选择消极治理策略，而政府必须加大监管力度，进行严格监管。

(4)由情形⑤和⑥可知，当企业积极治理雾霾的成本较低或者积极治理雾霾所得的协同收益较高，企业会选择积极治霾策略；政府采取严格监管，给予惩罚策略的协同收益较高时，政府会选择对企业使用严格监管策略。经过长时期的反复博弈，排污企业最终会选择积极治理雾霾,而政府最终会选择对排污企业进行严格监管,出现雾霾污染时给予企业惩罚的策略。

综上所述,只有当排污企业在雾霾治理过程中积极治理雾霾的成本较低或积极治理雾霾后所得的协同收益较高时,博弈系统才会有存在演化稳定策略的可能,也就是说排污企业在长期的博弈中才能一直坚持选择积极治理雾霾的策略。因此,若要发挥企业积极治理雾霾的能动性,而不是过度依赖政府力量的关键在于降低排污企业雾霾污染治理的成本或者提高其协同收益。

6.4 仿真分析

根据上面演化模型的平衡点分析及其局部稳定条件的分析,可知在雾霾污染治理过程中地方政府与企业在不同情形下的演化博弈过程与各自的演化稳定策略。下面我们对参数进行赋值,对系统演化趋势进行仿真。

(1) 情形一:$C < \Pi_{e1} < \Pi_{e2}, \Pi_{g2} - \Pi_{g1} > P$ 时

对算例进行模拟仿真,假设 $\Pi_{e1} = 4, C = 3, \Pi_{e2} = 6, \Pi_{g1} = 5, \Pi_{g2} = 8, P = 2$,政府与排污企业动态演化趋势如图 6-3 所示。随着演化的进行,企业选择积极治霾的概率趋近于 1,见图 6-3(a);政府选择严格监管的概率趋近于 0,见图 6-3(b);无论双方初始策略比例如何,经过长时期的反复博弈,最后二者演化稳定点为(1,0)见图 6-3(c)。

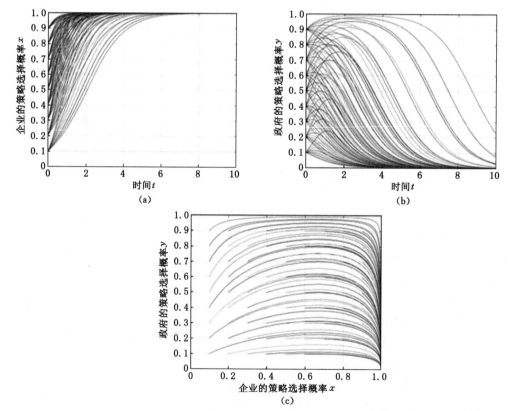

图 6-3 稳定点(1,0)的演化仿真结果

由此可见,当企业积极治理雾霾的成本较低,积极治理雾霾所得的协同收益较高时,企业会选择积极治理雾霾策略;当政府对企业没有严格监管时获得收益与进行严格监管获得的收益之差大于对企业的惩罚时,政府会选择不严格监管策略,这与前面的演化均衡分析是一致的。

(2)情形二:$\Pi_{e1} < \Pi_{e2} < C, 0 < \Pi_{g2} - \Pi_{g1} < P$ 时

对算例进行模拟仿真,假设 $\Pi_{e1} = 4, C = 6, \Pi_{e2} = 5, \Pi_{g1} = 5, \Pi_{g2} = 7, P = 3$,政府与排污企业动态演化趋势如图 6-4 所示。随着演化的进行,企业选择积极治霾的概率趋近于 0,见图 6-4(a);政府选择严格监管的概率趋近于 1,见图 6-4(b);无论双方初始策略比例如何,经过长时期的反复博弈,最后二者演化稳定点为(0,1),见图 6-4(c),这与前面的演化均衡分析是一致的。

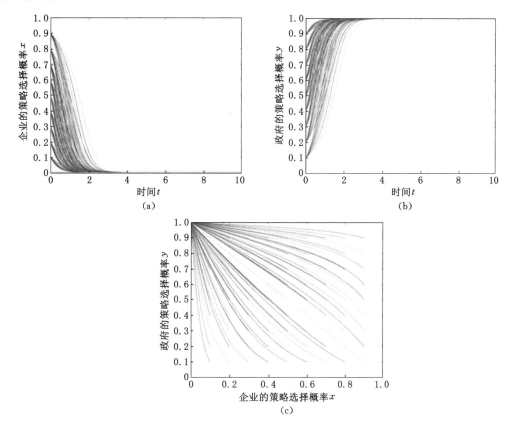

图 6-4 稳定点(0,1)的演化仿真结果

由此可见,当企业积极治理雾霾的成本较高或者积极治理雾霾所得的协同收益较低时,企业会选择消极治理雾霾策略。而为了防止雾霾污染进一步加剧,政府必须加大对企业的监管力度,对企业进行严格监管。

(3)情形三:$C < \Pi_{e2} < \Pi_{e1}, \Pi_{g2} - \Pi_{g1} < 0$ 时

对算例进行模拟仿真,假设 $\Pi_{e1} = 5, C = 3, \Pi_{e2} = 4, \Pi_{g1} = 7, \Pi_{g2} = 5, P = 2$,政府与排污企业动态演化趋势如图 6-5 所示。随着演化的进行,企业选择积极治霾的概率趋近于 1,见图 6-5(a);政府选择严格监管的概率趋近于 1,见图 6-5(b);无论双方初始策略比例如何,

经过长时期的反复博弈,最后二者演化稳定点为(1,1)见图 6-5(c)。

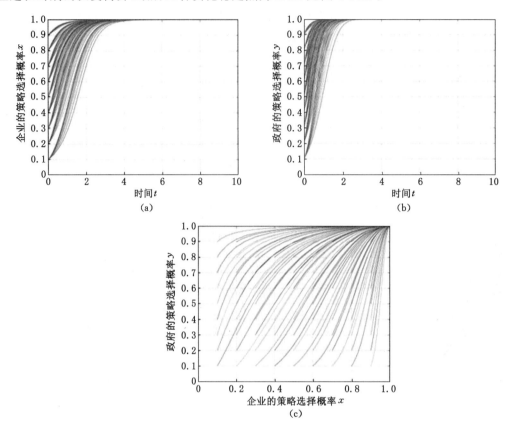

图 6-5　稳定点(1,1)的演化仿真结果

由此可见,当企业积极治理雾霾的成本较低,积极治理雾霾所得的协同收益较高时,企业会选择积极治理雾霾策略;当政府对企业没有严格监管时获得收益小于进行严格监管获得的收益时,政府会选择严格监管策略。在这种状况下,政府对企业排污的严格监管与企业积极进行绿色技术创新,采取积极治霾策略深度融合,雾霾污染治理问题得到最优解决。

运用演化博弈理论对排污企业和政府两个主体在雾霾协同治理过程中的博弈行为策略进行研究,通过企业治理成本 C、协同收益 Π_{e1}、Π_{e2} 三者之间的关系以及政府惩罚力度 P、政府协同收益 Π_{g1}、Π_{g2} 三者之间的关系进行分析,得到不同情形下博弈系统存在长期演化稳定策略,根据该结果,可以得到如下结论:

① 在雾霾治理过程中,排污企业应在保证完成其治霾任务的条件下尽可能降低其治霾成本,以使得博弈系统存在长期稳定演化策略,提高其选择积极治理雾霾策略的可能性。

② 排污企业和政府两个主体应提高雾霾协同治理的协同度,以便能够获得更高的协同收益,使得博弈系统存在长期稳定演化策略,提高排污企业选择积极治理雾霾策略的可能性。首先,要加快完善雾霾治理的法律法规体系,明确企业在雾霾治理过程中的职责,建立有效的奖惩激励机制。其次,需要加强地方政府和企业之间的联系与合作,建立权责明确、沟通高效的协同机制,提高协同收益,使得雾霾治理的协同工作能够有序地进行。

③ 在雾霾协同治理过程中,政府要根据与企业之间的协同度来调整其监管惩罚力度,

以使得博弈系统存在长期稳定演化策略,提高排污企业选择积极治理雾霾策略的可能性。

6.5　本章小结

　　本章基于"企业追求经济利润最大化、积极主动治理雾霾的主观能动性差、过度依赖政府力量"的现实背景,对地方政府和排污企业两个主体之间的博弈进行分析,假设排污企业在治霾过程中其策略分为消极应对和积极应对两种,政府的策略也有两种,即对企业进行严格监管,在雾霾发生时对企业给予惩罚和对企业不进行严格监管,雾霾发生时对企业免除惩罚策略,设置治霾成本、惩罚力度、协同收益等参数,建立地方政府和排污企业两个主体之间的演化博弈模型,研究各个主体雾霾治理策略选择的演化机理。通过分析企业治理成本 C、协同收益 Π_{e1}、Π_{e2} 三者之间的关系以及政府惩罚力度 P、政府协同收益 Π_{g1}、Π_{g2} 三者之间的关系,发现在不同情形下博弈系统会存在长期演化稳定策略,最后得出结论:如果要使得系统长期处于稳定均衡策略,提高排污企业采取积极治理雾霾的策略,就要降低雾霾治理成本、提高协同治理收益,同时政府要对企业进行严格监管,制定合适的惩罚措施。

7 地方政府、企业及公众雾霾污染协同治理的演化博弈

7.1 问题描述

雾霾污染治理过程中,由于缺乏雾霾污染治理的内生机制,在中央政府投入大量财力、物力的同时,地方政府、企业、社会公众却没有形成大气环境保护的共识,究其原因,主要是他们作为有限理性的主体,进行相互博弈,各自基于自身利益进行策略选择。从源头上来看,地方政府可能会因为争取更多的经济利益而有选择地实行或者推迟实施中央政府的环保政策,主动放松环境监管的力度,甚至与企业合谋,来追求地方经济的快速增长,提高财政收入,以便得到更多的晋升机会;企业为达到减排降污标准,需要更新生产设备、采用绿色技术、改进生产工艺等,这给其带来较大的经济压力。为了节约成本,追求经济利益最大化,在政府放松监管或者没有公众监督的情况下,往往会以牺牲环境为代价而追求自身经济收益。而随着经济社会的发展,公众的环保意识在逐步增强,参与雾霾治理的热情逐步高涨,公众也已经成为雾霾污染治理的重要主体。但在实际行动中,一方面,公众对于企业的排污行为进行监督,当发现企业超标排放时,会向有关部门举报,这会有利于降低地方政府对于企业监督的成本,成为有效解决信息不对称问题的重要手段,成为督促企业采取减排降污手段的外部推动力量,大大提升雾霾治理的效率;另一方面,公众为追求短期利益,也可能会选择随意处理生活垃圾、排放废气、选择不环保的生活方式等行为。

因此,在雾霾污染治理过程中,鉴于各利益主体的利益驱动、策略选择及主体之间的相互作用,本章将研究对象扩展到地方政府、企业和公众三个主体,构建三方主体共治的内生机制,运用演化博弈动态分析地方政府能否有效引导、企业是否能够以减排降污为标准、公众是否能够有效参与雾霾污染治理行为的交互影响,并用数值算例仿真不同政策情境下各博弈方的演化行为,为促进三方主体能够协同治理雾霾提供理论依据。

7.2 博弈模型的构建

基于雾霾污染问题的公共性和复杂性,在某一特定区域中,雾霾污染治理的相关利益主体包括社会公众、企业、地方政府。从公众的角度来说,其行为策略有两种:一种是可以选择绿色环保的生活方式来降低生活废气的排放、举报企业排污等积极环保的行为来参与雾霾污染治理,另一种是不参与雾霾污染治理。从地方企业来看,其行为策略也有两种:一是通过更新生产设备、引进绿色技术、改进生产工艺等方式参与雾霾污染治理,达到减排降污的

标准;二是忽视环境的生产行为。对地方政府来说,可以选择通过严格监督、惩罚或适当的激励等手段来积极引导公众或者企业参与雾霾污染治理,也可以选择不作为的方式,对公众或企业雾霾污染的行为不进行引导。因此,三方主体的策略集分别为(积极参与、消极参与)(减排达标、超标排放)(积极引导、不积极引导)。

根据以上三方主体的博弈关系,为更清楚地对模型进行解释,结合实际,给出以下模型假设:

(1)雾霾治理过程中信息不对称,参与雾霾协同治理的主体有社会公众、企业、地方政府,他们均为有限理性且他们的行为是相互影响的;社会公众、企业、地方政府在参与雾霾治理协同治理工作中会获得一定的协同收益(物质利益或者非物质利益),并产生治理成本;在时刻 t,公众选择积极参与雾霾治理的概率为 $x(t)$,企业选择减排达标的生产行为的概率为 $y(t)$,地方政府选择积极引导各主体行为的概率为 $z(t)$,且满足条件 $0 \leqslant x(t) \leqslant 1, 0 \leqslant y(t) \leqslant 1, 0 \leqslant z(t) \leqslant 1$。

(2)随着经济社会的发展,公众对环境质量的关注度越来越高,积极参与雾霾污染治理,将会采取绿色环保的生活方式、举报或者曝光企业排污等行为,这需要付出一定的成本,因此,公众会获得来自地方政府的专项资金和因举报污染企业而获得额外奖励。同时,由于大气环境的改善,会获得一定的公共健康水平收益。反之,如果公众不积极参与雾霾污染治理,忽视环境问题,则会对大气环境造成破坏性的影响,而当某地出现雾霾污染问题时,地方政府出于对环境整改的要求,会采取一些措施,比如关停企业生产,限制公众活动等,因而会对公众和企业同时产生负收益。

(3)对企业来说,要达到减排降污的标准,需要支付一定的成本。当地方政府积极引导时,也会获得地方政府的物质激励;反之,如果以牺牲环境为代价,超标排放,可能会获得更多的经济收益,但由此也会给企业和公众同时带来负收益。当地方政府采取积极引导策略或者被公众举报、曝光时,则会受到地方政府的惩罚。

(4)地方政府监督企业和公众的雾霾治理工作,为此需要支付一定的监督成本。同时,根据他们的治理行为进行惩罚或者奖励。当企业或公众同时选择环保行为,使得雾霾污染现象得以改善时,地方政府会得到中央政府的奖励;但是,当其中一方不参与环境管理使得大气环境恶化时,地方政府就会受到中央政府的惩罚。

(5)在模型假设的基础上,根据公众、企业、地方政府进行各自策略选择时所考虑的主要因素设置相关参数,参数符号及含义设置情况见表 7-1。

表 7-1　主要参数及其含义

参数	含义
C_1	公众积极参与雾霾污染治理支付的成本
B_1	公众积极参与雾霾污染治理时,地方政府给予的专项奖励金
S	公众举报污染企业时获得的额外奖励
R_p	公众参与雾霾污染治理时,获得的公共健康水平收益
$K_1 L_1$	公众不积极参与雾霾污染治理,对企业可能产生的负收益
$(1-K_1)L_1$	公众不积极参与雾霾污染治理,对公众可能产生的负收益

表 7-1(续)

参数	含　义
C_2	企业积极参与雾霾污染治理支付的成本
B_2	企业积极参与雾霾污染治理时,地方政府给予的专项奖励金
R_e	企业超标排放时,所获得的额外的经济收益
P_1	企业超标排放时,如果地方政府采取严格监督策略或公众选择积极参与雾霾污染治理而对其进行举报时,地方政府对企业的惩罚
$K_2 L_2$	企业不积极参与雾霾污染治理,对企业可能产生的负收益
$(1-K_2)L_2$	企业不积极参与雾霾污染治理,对公众可能产生的负收益
C_3	地方政府严格监督的成本
B_3	当公众或企业同时采取雾霾污染治理的行为时,地方政府获得中央政府的奖励金
P_2	当公众或企业其中有一方没有积极参与雾霾污染治理,地方政府受到中央政府的惩罚

根据公众、企业、地方政府关于雾霾污染治理博弈问题的描述和研究假设,构建公众、企业、地方政府三方博弈矩阵如表 7-2 所示。

表 7-2　公众—企业—地方政府博弈支付矩阵

				地方政府	
				积极引导(z)	不积极引导($1-z$)
公众	积极参与 x	企业	减排达标 y	$-C_1+B_1+R_P$ $-C_2+B_2$ $-C_3+B_3-B_1-B_2$	$-C_1+R_P$ $-C_2$ B_3
			超标排放 $(1-y)$	$-C_1+B_1+S+R_P-(1-K_2)L_2$ $R_e-K_2L_2-P_1$ $-C_3-B_1-P_2+P_1-S$	$-C_1+R_P-(1-K_2)L_2+S$ $R_e-K_2L_2-P_1$ P_1-P_2-S
	消极参与 $(1-x)$	企业	减排达标 y	$-(1-K_1)L_1$ $-C_2+B_2-K_1L_1$ $-C_3-B_2-P_2$	$-(1-K_1)L_1$ $-C_2-K_1L_1$ $-P_2$
			超标排放 $(1-y)$	$-(1-K_1)L_1-(1-K_2)L_2$ $R_e-K_2L_2-P_1-K_1L_1$ $-C_3+P_1-P_2$	$-(1-K_1)L_1-(1-K_2)L_2$ $R_e-K_2L_2-K_1L_1$ $-P_2$

假设公众选择积极参与的概率为 $x(0\leqslant x\leqslant 1)$,选择消极参与的概率为 $1-x$;企业选择减排达标的概率为 $y(0\leqslant y\leqslant 1)$,选择超标排放的概率为 $1-y$;地方政府选择积极引导的概率为 $z(0\leqslant z\leqslant 1)$,选择不积极引导的概率为 $1-z$。

根据上述分析,公众选择积极参与治理的期望收益为:

$$U_{p1}=yz(-C_1+B_1+R_P)+y(1-z)(-C_1+R_P)+(1-y)z[-C_1+B_1+S+R_P-(1-K_2)L_2]+(1-y)(1-z)[-C_1+R_P-(1-K_2)L_2+S] \tag{7-1}$$

公众选择消极治理的期望收益为:

$$U_{p2} = yz\left[-(1-K_1)L_1\right] + y(1-z)\left[-(1-K_1)L_1\right] + (1-y)z\left[-(1-K_1)L_1 - (1-K_2)L_2\right] + (1-y)(1-z)\left[-(1-K_1)L_1 - (1-K_2)L_2\right] \tag{7-2}$$

公众进行雾霾污染治理的平均收益为：

$$\overline{U}_p = xU_{p1} + (1-x)U_{p2} \tag{7-3}$$

根据 Malthusian 方程，公众的复制动态方程为：

$$F(x) = \frac{\mathrm{d}x}{\mathrm{d}t} = x(U_{p1} - \overline{U}_p) = x(1-x)(U_{p1} - U_{p2}) \tag{7-4}$$

将 U_{p1}、U_{p2} 代入到方程得到：

$$F(x) = \frac{\mathrm{d}x}{\mathrm{d}t} = x(1-x)\left[-C_1 + R_P + S + (1-K_1)L_1 - yS + zB_1\right] \tag{7-5}$$

企业选择减排达标的期望收益为：

$$U_{e1} = xz(-C_2 + B_2) + x(1-z)(-C_2) + (1-x)z\left[-C_2 + B_2 - K_1L_1\right] + (1-x)(1-z)\left[-C_2 - K_1L_1 + S\right] \tag{7-6}$$

企业选择超标排放的期望收益为：

$$U_{e2} = xz(R_e - K_2L_2 - P_1) + x(1-z)(R_e - K_2L_2 - P_1) + (1-x)z(R_e - K_2L_2 - P_1 - K_1L_1) + (1-x)(1-z)(R_e - K_2L_2 - K_1L_1) \tag{7-7}$$

企业参与雾霾污染治理的平均收益为：

$$\overline{U}_e = yU_{e1} + (1-y)U_{e2} \tag{7-8}$$

根据 Malthusian 方程，地方政府的复制动态方程为：

$$F(y) = \frac{\mathrm{d}y}{\mathrm{d}t} = y(U_{e1} - \overline{U}_e) = y(1-y)(U_{e1} - U_{e2}) \tag{7-9}$$

将 U_{e1}、U_{e2} 代入到方程得到：

$$F(y) = \frac{\mathrm{d}y}{\mathrm{d}t} = y(1-y)\left[-C_2 - R_e + K_2L_2 + xP_1 - xzP_1 + z(B_2 + P_1)\right] \tag{7-10}$$

地方政府选择严格督查的期望收益为：

$$U_{g1} = xy(-C_3 + B_3 - B_1 - B_2) + x(1-y)(-C_3 - B_1 - P_2 + P_1 - S) + (1-x)y\left[-C_3 - B_2 - P_2\right] + (1-x)(1-y)\left[-C_3 + P_1 - P_2\right] \tag{7-11}$$

地方政府选择宽松督查的期望收益为：

$$U_{g2} = xyB_3 + x(1-y)(P_1 - P_2 - S) + (1-x)y(-P_2) + (1-x)(1-y)(-P_2) \tag{7-12}$$

地方政府环境规制的平均收益为：

$$\overline{U}_g = zU_{g1} + (1-z)U_{g2} \tag{7-13}$$

根据 Malthusian 方程，地方政府的复制动态方程为：

$$F(z) = \frac{\mathrm{d}z}{\mathrm{d}t} = z(U_{g1} - \overline{U}_g) = z(1-z)(U_{g1} - U_{g2}) \tag{7-14}$$

将 U_{g1}、U_{g2} 代入到方程得到：

$$F(z) = \frac{\mathrm{d}z}{\mathrm{d}t} = z(1-z)\left[xyP_1 - x(B_1 + P_1) - y(B_2 + P_1) - C_3 + P_1\right] \tag{7-15}$$

由上述三式可以得到一个三维动力系统（I）：

$$
\begin{cases}
F(x) = x(1-x)\left[-C_1 + R_P + S + (1-K_1)L_1 - yS + zB_1\right] \\
F(y) = y(1-y)\left[-C_2 - R_e + K_2L_2 + xP_1 - xzP_1 + z(B_2 + P_1)\right] \\
F(z) = z(1-z)\left[xyP_1 - x(B_1 + P_1) - y(B_2 + P_1) - C_3 + P_1\right]
\end{cases}
\tag{7-16}
$$

为了方便计算,令:

$$
a = -C_1 + R_P + S + (1-K_1)L_1
$$
$$
b = -C_2 - R_e + K_2L_2
$$
$$
c = B_2 + P_1
$$
$$
d = -B_1 - P_1
$$
$$
e = -C_3 + P_1
$$

则上述动力系统变为:

$$
\begin{cases}
F(x) = x(1-x)(a - yS + zB_1) \\
F(y) = y(1-y)(b + xP_1 - xzP_1 + zc) \\
F(z) = z(1-z)(xyP_1 + xd - yc + e)
\end{cases}
\tag{7-17}
$$

7.3 演化博弈分析

7.3.1 演化模型均衡点

对于三维动力系统(I),当 $F(x) = 0, F(y) = 0, F(z) = 0$ 时,可得:

命题 1:系统(I)必然存在 8 个三种群纯策略平衡点 $(0,0,0),(0,0,1),(0,1,0),(1,0,0),(1,1,0),(1,0,1),(0,1,1),(1,1,1)$;可能存在 5 个单种群纯策略平衡点:$\left(0, \dfrac{e}{c}, -\dfrac{b}{c}\right), \left(1, \dfrac{d+e}{P_1-c}, \dfrac{b+P_1}{P_1-c}\right), \left(-\dfrac{e}{d}, 0, -\dfrac{a}{B_1}\right), \left(-\dfrac{c-e}{P_1+d}, 1, \dfrac{S-a}{B_1}\right), \left(-\dfrac{b}{P_1}, \dfrac{a}{S}, 0\right)$。其中,第一个平衡点存在的条件为:$0 \leqslant \dfrac{e}{c} \leqslant 1$ 且 $0 \leqslant -\dfrac{b}{c} \leqslant 1$,同理可得其他平衡点存在的条件。

证明:对于系统(I),当 $x=0$ 或 $1, y=0$ 或 $1, z=0$ 或 1 时,恒有 $F(x)=0, F(y)=0, F(z)=0$,因此 $(0,0,0),(0,0,1),(0,1,0),(1,0,0),(1,1,0),(1,0,1),(0,1,1),(1,1,1)$ 是系统(I)的平衡点;当 $x=0, 0<y<1, 0<z<1$ 时,若 $b+zc=0, yc+e=0$ 时,同样有 $F(x)=0, F(y)=0, F(z)=0$。进一步地,如果满足 $0 \leqslant \dfrac{e}{c} \leqslant 1$ 且 $0 \leqslant -\dfrac{b}{c} \leqslant 1$ 时,$\left(0, \dfrac{e}{c}, -\dfrac{b}{c}\right)$ 是系统(I)的平衡点。同理可得,存在其他单种群采纳纯策略平衡点。

对于系统(I),当 $F(x)=0, F(y)=0, F(z)=0, x, y, z$ 都不为 0 或 1 时,可得:

命题 2:系统(I)可能存在 1 个混合策略均衡点 (x^*, y^*, z^*),且 $x^*, y^*, z^* \in (0,1)$。

证明:对于系统(I),当 $0<x<1, 0<y<1, 0<z<1$ 时,如果 $a - y^*S + z^*B_1 = b + x^*P_1 - x^*z^*P_1 + z^*c = x^*y^*P_1 + x^*d - y^*c + e$,则 $F(x^*)=0, F(y^*)=0, F(z^*)=0$ 成立,因此,解方程组(7-18)得到 (x^*, y^*, z^*),是系统可能存在的平衡点。

$$
\begin{cases}
a - y^*S + z^*B_1 = 0 \\
b + x^*P_1 - x^*z^*P_1 + z^*c = 0 \\
x^*y^*P_1 + x^*d - y^*c + e = 0
\end{cases}
\tag{7-18}
$$

求解上述方程组可得 (x^*, y^*, z^*)：

$$\begin{cases} x^* = \dfrac{ac - es - bB_1}{aP_1 + ds + P_1B_1} \\[3mm] y^* = \dfrac{acd - bdB_1 + eaP_1 + eP_1B_1}{cdS + cP_1B_1 + esP_1 + bP_1B_1} \\[3mm] z^* = \dfrac{aP_1(b+c) + S(bd - eP_1)}{-S(eP_1 + cd) - B_1P_1(b+c)} \end{cases}$$

则 (x^*, y^*, z^*) 是系统（I）可能存在的平衡点，且 (x^*, y^*, z^*) 均属于 $(0, 1)$，证明完毕。

7.3.2　平衡点稳定性分析

基于复制动态方程计算出的平衡点并非一定就是系统的演化稳定策略，根据李雅普诺夫稳定性（Lyapunov stability）理论，系统在平衡点处的渐进稳定性特征要通过对系统雅克比矩阵的特征值的分析进行判断，也就是说，复制动态系统的均衡点是演化稳定策略的充分必要条件是要让所有的特征值都具有负实部。系统（I）的雅克比矩阵如式（7-19）：

$$\begin{bmatrix} (1-2x)(a-yS+zB_1) & x(1-x)(-S) & x(1-x)B_1 \\ y(1-y)(P_1-zP_1) & (1-2y)(b+xP_1-xzP_1+zc) & y(1-y)(c-xP_1) \\ z(1-z)(P_1y+d) & z(1-z)(-c+xP_1) & (1-2z)(xyP_1+xd-yc+e) \end{bmatrix} \tag{7-19}$$

由李雅普洛夫稳定性条件可知：如果雅克比矩阵的全部特征值都小于 0 时，该平衡点是渐进稳定的，即为汇；如果雅克比矩阵有一个特征值大于 0 时，那么该平衡点是不稳定的，即为源；如果雅克比矩阵特征值存在一正两负或者一负两正时，那么该平衡点是不稳定的，即为鞍点[242]。据此，依次计算系统（I）必然存在的 8 个三种群纯策略平衡点的特征值、可能存在的 5 个单种群纯策略平衡点的特征值、可能存在的 1 个混合策略平衡点的特征值，见表 7-3，进而根据特征值的取值情况分析平衡点的渐进稳定性。

表 7-3　系统（I）的平衡点及其特征值

平衡点	特征值			渐进稳定性条件
	λ_1	λ_2	λ_3	
$E_1(0,0,0)$	$-C_1 + R_P + S + (1-K_1)L_1$	$-C_2 - R_e + K_2L_2$	$-C_3 + P_1$	条件①
$E_2(0,0,1)$	$-C_1 + R_P + S + (1-K_1)L_1 + B_1$	$-C_2 - R_e + K_2L_2 + B_2 + P_1$	$C_3 - P_1$	条件②
$E_3(0,1,0)$	$-C_1 + R_P + (1-K_1)L_1$	$C_2 + R_e - K_2L_2$	$-B_2 - C_3$	条件③
$E_4(1,0,0)$	$C_1 - R_P - S - (1-K_1)L_1$	$-C_2 - R_e + K_2L_2 + P_1$	$-B_1 - C_3$	条件④
$E_5(1,1,0)$	$C_1 - R_P - (1-K_1)L_1$	$C_2 + R_e - K_2L_2 - P_1$	$B_2 + C_3$	不稳定
$E_6(1,0,1)$	$C_1 - R_P - S - (1-K_1)L_1 - B_1$	$-C_2 - R_e + K_2L_2 + B_2 + P_1$	$B_1 + C_3$	不稳定
$E_7(0,1,1)$	$-C_1 + R_P + (1-K_1)L_1 + B_1$	$C_2 + R_e - K_2L_2 - B_2 - P_1$	$B_2 + C_3$	不稳定

表 7-3（续）

平衡点	特征值			渐进稳定
	λ_1	λ_2	λ_3	性条件
$E_8(1,1,1)$	$C_1 - R_P -$ $(1-K_1)L_1 - B_1$	$C_2 + R_e - K_2L_2 - B_2 - P_1$	$B_2 - B_1 +$ $2P_1 + C_3$	条件⑤
$E_9(0, \dfrac{e}{c}, -\dfrac{b}{c})$	$-\Delta_1$	Δ_1	Δ_2	不稳定
$E_{10}(1, \dfrac{d+e}{P_1-c}, \dfrac{b+P_1}{P_1-c})$	$dB2_2 - \Delta_3$	Δ_3	Δ_4	条件⑥
$E_{11}(-\dfrac{e}{d}, 0, -\dfrac{a}{B_1})$	$-\Delta_5$	Δ_5	Δ_6	不稳定
$E_{12}(-\dfrac{c-e}{P_1+d}, 1, \dfrac{S-a}{B_1})$	$-\Delta_7$	Δ_7	Δ_8	不稳定
$E_{13}(-\dfrac{b}{P_1}, \dfrac{a}{S}, 0)$	$-\Delta_9$	Δ_9	Δ_{10}	不稳定
$E_{14}(x^*, y^*, z^*)$	λ^*_1	λ^*_2	λ^*_3	条件⑦

通过计算，表中各数值结果如下：

$\Delta_1 = [be(c-e)(c+b)]^{1/2}/c$

$\Delta_2 = -(es + bB_1 - ca)/c$

$\Delta_3 = [(c^2d^2 + c^2e^2) \cdot (12b^2 + 24bP_1 + 4bB_2 + 12\ P_{12} + 4\ P_1\ B_2 + B_{22}) +$
$\quad c^2de(24\ b^2 + 48\ bP_1 + 8b\ B_2 + 24\ P_{12} + 8\ P_1\ B_2 + 2\ B_{22}) +$
$\quad (c^2d^2 + c^2e^2)(-4\ b^2\ B_2 - 8\ bP_1B_2 + 2b\ B_2^2 - 4\ P_{12}\ B_2 + 2\ P_1\ B_2^2) +$
$\quad c^2\ B_2^2(b^2 + 2bP_1 + P_{12}) + (cd^2 + ce^2)(-24\ P_1\ b^2 - 32\ B_2b^2 - 48bP_1^2 -$
$\quad 72b\ P_1\ B_2 - 16bB_2^2 - 24P_{13} - 40\ P_1^2\ B_2 - 18\ P_1\ B_2^2 - 2\ B_2^3) +$
$\quad cde(-48\ b^2\ P_1 - 64\ b^2\ B_2 - 96\ bP_{12} - 144b\ P_1\ B_2 - 32bB_2^2 -$
$\quad 48\ P_1^3 - 80\ P_{12}B_2 - 36\ P_1\ B_2^2 - 4\ B_2^3) + (cd + ce)(8\ b^2\ P_1\ B_2) +$
$\quad 16\ b^2\ B_2^2 + 16b\ P_1^2 + 28\ b\ P_1B_2^2 + 4b\ B_2^3 + 8\ P_1^3B_2 + 12\ P_1^2B_2^2 +$
$\quad 4\ P_1\ B_2^3 + cb\ B_2^2 \cdot (-2b\ P_1 - 2b\ B_2 - 4\ P_1^2 - 4\ P_1\ B_2) +$
$\quad c\ P_1^2\ B_2^2(-2\ P_1 - 2\ B_2) + (d^2\ b^2 + e^2\ b^2)(12\ P_2^1 + 32\ P_1\ B_2 + 16\ B_2^2) +$
$\quad (d^2\ b + e^2\ b)(24P_1^3 + 68\ P_1^2B_2 + 48\ P_1\ B_2^2 + 8\ B_2^3) +$
$\quad (d^2 + e^2)(12\ P_1^4 + 36\ P_1^3\ B_2 + 33\ P_1^2B_2^2 + 10\ P_1\ B_2^3 + B_2^4) +$
$\quad de\ b^2(24\ P_1^2 + 64\ P_1\ B_2 + 32\ B_2^2) + bde(48P_{13} + 136\ P_1^3B_2 + 96\ P_1\ B_2^3 + 16\ B_2^3) +$
$\quad de(24P_1^4 + 72\ P_1^3B_2 + 66\ P_1^2B_2^2 + 20P_1\ B_2^3 + 2B_2^4) +$
$\quad (db^2 + e\ b^2)(-4\ P_2^1B_2 - 16\ P_1\ B_2^2 - 8B_2^3) +$
$\quad (db + eb)(-8P_1^3B_2 - 30P_2^1B_2^2 - 20P_1\ B_2^3 - 2B_2^4)) +$
$\quad (d+e)(-4P_1^4B_2 - 14P_1^3B_2^2 - 12P_2^1B_2^3 - 2\ P_1B_2^4) +$
$\quad (2b\ P_1\ B_2^2 + P_2^1B_2^2 + b^2\ B_2^2)(P_2^1 + 2P_1B_2 + B_2^2) + B_2^2(d+e+b+P_1) +$
$\quad B_2(P_1^2 - cd - ce - cb) + P_1B_2(-c + d + e + b)]^{1/2}/2\ B_2^2$

$\Delta_4 = (ds + es + bB_1 - aB_{2b} + P_1S)/B_2$

$\Delta_5 = [deaB_1(a+B_1)(d+e)]^{\frac{1}{2}}/(dB_1)$

$$\Delta_6 = -(cda + eaP_1 - dbB_1 + eP_1B_1)/(dB_1)$$

$$\begin{aligned}
\Delta_7 = \{&\{((c-e)[(c-e)(B_{14} + 4a^2P_{12} + d^2B_{12} + 4d^2S^2 + 4d^2a^2) + 4a^2B_{12}(c+d-e+P_1) + \\
&(cP_2^1 - eP_2^1)(B_2^1 + 4d^2S^2) + 4S^2B_2^1P_1 + B_1^3(2cd - 2de + 4ca + 4da - 4ea) + \\
&P_1B_1^3(2c + 4a - 2e - 4S) + (4B_1^3S + 8aB_{12}S - 4B_2^1S^2)(-c-d+e) + \\
&dea(-12B_2^1 - 12aB_1 - 4dB_1 + 8dB_1) + (cdP_1 - deP_1)(2B_2^1 + 8S^2) + \\
&(caP_1 - eaP_1)(12B_{12} + 4P_1B_1 + 12aB_1 - 8P_1S) + \\
&(12S - 12B_1 - 4d)(cdB_1S - deB_1S) + (cP_1B_1 - eP_1B_1)(12S - 12B_1 - 4P_1) + \\
&8aP_1B_2^1S + cdaB_1(12B_1 + 12a + 4d + 8P_1) + cd^2aS(-8d - 16P_1) + \\
&deaP_1(-8B_1 + 16S) + (24daB_1S + 8dP_1B_1S + 24aP_1B_1S - 8da^2P_1)(e-c)]\}^{1/2} + \\
&(B_2^1 + 2da + 2aP_1 + 2aB_1 - 2B_1S)(c-e) + (cd - de + cP_1 - eP_1)(B_1 - \\
&2S)\}/2B_2^1
\end{aligned}$$

$$\Delta_8 = -(cda + eaP_1 - dbB_1 + eP_1B_1)/(dB_1)$$

$$\Delta_9 = \frac{[-baP_1S(b+P_1)(a-S)]^{1/2}}{SP_1}$$

$$\Delta_{10} = \frac{-(caP_1 + baP_1 + dbS - eP_1S)}{SP_1}$$

以平衡点 $E_1(0,0,0)$ 为例来分析其演化稳定的条件,三维动力系统(I)在 $E_1(0,0,0)$ 处的雅可比矩阵如下:

$$\begin{bmatrix} a & 0 & 0 \\ 0 & b & 0 \\ 0 & 0 & e \end{bmatrix}$$

此时,雅可比矩阵的特征值为 $\lambda_1 = a$,$\lambda_2 = b$,$\lambda_3 = e$,倘若满足 $a<0$,$b<0$,$e<0$,那么平衡点 $E_1(0,0,0)$ 是系统的渐进稳定点。同理,可以求出三维动力系统在其他 6 个平衡点的渐进稳定条件,具体如表 7-4 所示。

表 7-4　系统(I)的平衡点稳定性条件

平衡点	稳定性条件	编号
$E_1(0,0,0)$	$-C_1 + R_P + S + (1-K_1)L_1 < 0$, $-C_2 - R_e + K_2L_2 < 0$, $-C_3 + P_1 < 0$	①
$E_2((0,0,1)$	$-C_1 + R_P + S + (1-K_1)L_1 + B_1 < 0$, $-C_2 - R_e + K_2L_2 + B_2 + P_1 < 0$, $C_3 - P_1 < 0$	②
$E_3(0,1,0)$	$-C_1 + R_P + (1-K_1)L_1 < 0$, $C_2 + R_e - K_2L_2 < 0$, $-B_2 - C_3 < 0$	③
$E_4(1,0,0)$	$C_1 - R_P - S - (1-K_1)L_1 < 0$, $-C_2 - R_e + K_2L_2 + P_1 < 0$, $-B_1 - C_3 < 0$	④
$E_8(1,1,1)$	$C_1 - R_P - (1-K_1)L_1 - B_1 < 0$, $C_2 + R_e - K_2L_2 - B_2 - P_1 < 0$, $B_2 - B_1 + 2P_1 + C_3 < 0$	⑤
$E_{10}(1, \dfrac{d+e}{P_1-c}, \dfrac{b+P_1}{P_1-c})$	$dB_2^2 - \Delta_3 < 0$, $\Delta_3 < 0$, $\Delta_4 < 0$	⑥
$E_{14}(x^*, y^*, z^*)$	$\lambda_1^* < 0$, $\lambda_2^* < 0$, $\lambda_3^* < 0$	⑦

三维动力系统(I)在 $E_6(1,0,1)$ 处的雅可比矩阵如下：

$$\begin{bmatrix} -(a+B_1) & 0 & 0 \\ 0 & c+b & 0 \\ 0 & 0 & -(d+e) \end{bmatrix}$$

此时，雅可比矩阵的特征值为 $\lambda_3 = (-c+P_1+d+e) = B_1+C_3 > 0$，未满足李雅普洛夫稳定性条件，所以 $E_6(1,0,1)$ 是不稳定点；分析 $E_9(0, \dfrac{e}{c}, -\dfrac{b}{c})$ 处的稳定性条件，通过计算雅可比矩阵的特征值，可以得到 $\lambda_1 = -\lambda_2$，因此，$E_9(0, \dfrac{e}{c}, -\dfrac{b}{c})$ 也没有满足李雅普洛夫稳定性条件；同理，可以证明三维动力系统在其他 5 个平衡点的不稳定性，具体如表 7-3 所示。

7.4 演化结果的情景分析

根据上面演化模型的平衡点分析及其局部稳定条件的分析，可知在雾霾污染治理过程中公众、企业及地方政府在不同情形下的演化博弈过程与各自的演化稳定策略。由于系统(I)演化具有多次复杂路径，本书以 $E_8(1,1,1)$、$E_1(0,0,0)$、$E_{14}(x^*, y^*, z^*)$ 为例讨论渐进稳定性及三方博弈的演化过程。

7.4.1 情景一：三方共同治理

由表 7-4 可以看出，如果三方主体共同参与雾霾污染治理，此时系统(I)的平衡点 $E_8(1,1,1)$ 是 ESS，那么就要满足条件 ⑤。根据条件 ⑤ 中的第 1 个不等式 $-(a-S+B_1) < 0$ 我们可以得知：地方政府加大对公众参与雾霾污染治理的专项奖励金、提高举报企业排污的额外收益及不参与雾霾污染治理的负收益，尽可能减少其参与雾霾污染治理的成本，将会提高公众积极参与雾霾污染治理的积极性和主动性；由第 2 个不等式 $-(c+b) < 0$ 可以得知：当地方政府加大对企业排污的惩罚力度、超标排放的负收益，提高企业在减排达标时的奖励力度，同时降低其减排达标时的成本，减少超标排放时所获得的额外的经济收益；由第 3 个不等式 $-(-c+P_1+d+e) < 0$ 可以得知：当公众或企业同时采取雾霾污染治理的行为时，加大地方政府获得中央政府的奖励金力度、加大对企业超标排放的惩罚力度、减少地方政府监督成本、降低对企业减排达标时的专项奖励，将会促使地方政府严格监督环境治理效果的积极性。

为了更直观地分析中央政府、地方政府和公众环境治理策略选择的动态演化过程，现运用 MATLAB 仿真工具对演化博弈模型进行数值分析。假设参数取值为 $C_1=4$，$C_2=6$，$C_3=6$，$B_1=2$，$B_2=4$，$P_1=5$，$S=1$，$R_p=2$，$K_2L_2=2$，$(1-K_1)L_1=1$ 时，满足渐进稳定性条件 ⑤。根据表 7-4 中稳定性条件的判断规则，可以得出此时 $E_4(1,0,0)$、$E_8(1,1,1)$ 是系统的渐进稳定点，$E_1(0,0,0)$、$E_3(0,1,0)$ 是系统的鞍点，其余 $E_2(0,0,1)$、$E_{10}(1, \dfrac{d+e}{P_1-c}, \dfrac{b+P_1}{P_1-c})$、$E_{14}(x^*, y^*, z^*)$ 是系统的不稳定点。这说明，在雾霾污染治理过程中，不管最初地方政府是否监管,企业是否减排达标,只要公众愿意积极参与雾霾污染治理行动,那么三方主体将会全部都参与到雾霾污染治理行动中,进而雾霾污染治理将会发生明显改善,进入良性循环状态。

7.4.2 情景二:三方都不治理

如果三方主体都不积极进行雾霾污染治理,也就是说此时要求 $E_1(0,0,0)$ 是系统的渐进稳定点,那么就要使条件①中各不等式成立。由条件①中的第1个不等式 $-C_1+R_P+S+(1-K_1)L_1<0$ 可以得知:公众参与雾霾污染治理的积极性会受到其进行雾霾污染治理的成本、所获得的收益、曝光企业排污所获得的额外奖励及不参与雾霾污染治理产生的负收益等因素的影响;由第2个不等式 $-C_2-R_e+K_2L_2<0$ 可以得知:企业是否能采取减排达标策略会受到参与雾霾污染治理支付的成本、企业超标排放时所获得的额外的经济收益、超标排放带来的负收益等因素的影响;由第3个不等式 $-C_3+P_1<0$ 可以得知,地方政府对企业排污惩罚力度的大小会依据其监督企业雾霾污染治理的成本而定。

为满足渐进稳定性条件①,将参数取值为 $C_1=6,C_2=6,C_3=6,B_1=2,B_2=4,P_1=5,S=0,R_p=0.3,K_2L_2=2,(1-K_1)L_1=0$,利用MATLAB仿真工具对演化博弈模型进行数值分析。根据表7-4中稳定条件的判断规则,可以得出此时 $E_1(0,0,0)$ 是系统的渐进稳定点,$E_3(0,1,0)$、$E_4(1,0,0)$、$E_8(1,1,1)$ 是系统的鞍点,其余 $E_2(0,0,1)$、$E_{10}(1,\frac{d+e}{P_1-c},\frac{b+P_1}{P_1-c})$、$E_{14}(x^*,y^*,z^*)$ 是系统的不稳定点。

对比两种情景下不同的演化过程,我们可以看出,当提高公众参与雾霾污染治理的成本、降低其参与雾霾污染治理时获得的公共健康水平收益、举报污染企业获得的额外奖励、降低不参与雾霾污染治理的负收益时,会大大降低公众参与雾霾污染治理的积极性,进而会影响企业选择超标排放的决策,政府选择不进行严格监督的决策,也就是说,三方主体从雾霾污染治理行动中无法获益,三方主体朝 $(x\rightarrow0,y\rightarrow0,z\rightarrow0)$ 方向演化,最终造成雾霾污染的状态,由此进入恶性循环。

7.4.3 情景三:三方以一定的概率参与治理

在该情景下,地方政府以一定的概率监督企业和公众的雾霾治理工作,企业则以一定的概率积极进行减排降污的工作,公众也以一定的概率参与雾霾污染治理,也就是存在 (x^*,y^*,z^*) 的情形。在该情形下,系统存在多种演化稳定策略,最终演化结果则由三个主体的初始状态及相互之间的激励、约束关系决定。为了进一步研究在该情形下系统参数的变化对三个主体策略选择演化过程的影响程度,我们进行关键参数的灵敏度计算。在满足 $0<x^*,y^*,z^*<1$ 的条件下,对参数进行赋值,$C_1=0.5,C_2=1,C_3=2,B_1=2.5,B_2=4,P_1=60,S=3,R_p=1,R_e=2,K_2L_2=2,(1-K_1)L_1=1$。通过图形可以直观地显示公众积极进行雾霾污染治理的成本、地方政府给予公众的专项奖励金、曝光企业排污获得的额外奖励、获得的公共健康水平收益及不参与雾霾污染治理产生的负收益、企业参与雾霾污染治理的成本、地方政府给予的专项奖励金、超标排放获得的额外经济收益、政府的罚款、污染负收益、地方政府严格监督成本等参数的改变对于博弈主体策略的影响效应。图7-1中曲线表示各个

主体演化过程,横坐标表示各个参数的变化区间,纵坐标表示各主体进行策略选择的概率。

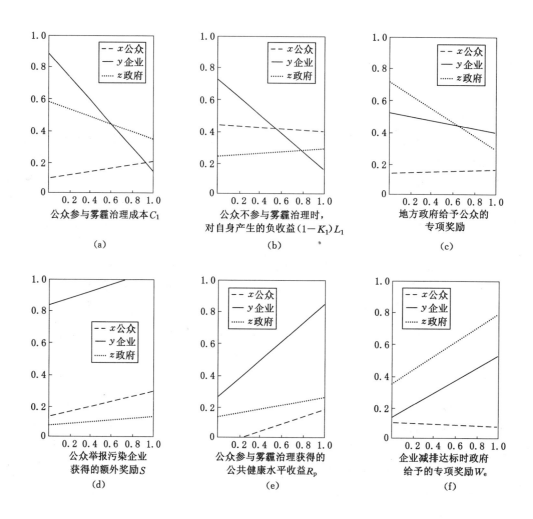

由图 7-1 可以看出,当降低公众参与雾霾污染治理的成本、提高不参与雾霾污染治理时,对自身产生的负收益,提高政府对公众参与雾霾管理的专项奖励、曝光企业排污得到的额外奖励及因雾霾治理带来的公共健康收益时,将会提高公众参与雾霾污染治理的积极性;当提高地方政府给予企业减排达标的专项奖励金、增加不积极参与雾霾治理对企业可能产生的负收益、降低企业积极雾霾污染治理支付的成本、因超标排放带来的额外经济收益时,会推动企业积极参与雾霾污染治理;当降低地方政府的严格监督成本,而且加大对排污企业的罚款力度时,也会促使企业积极参与雾霾污染治理。

7.5　本章小结

本章通过对雾霾污染治理中地方政府、企业和公众三方主体,基于有限理性而采取的不同决策选择,建立三方主体共治的博弈模型,研究了不同主体在长期反复的博弈中不断调整的策略选择,最终得到(公众积极参与、企业减排达标、地方政府严格监督)的理想策略。通

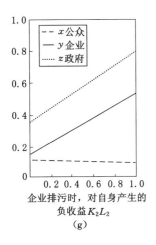

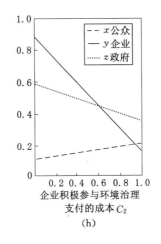

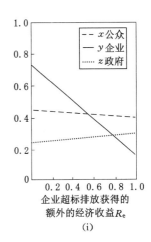

企业排污时，对自身产生的
负收益 K_2L_2
（g）

企业积极参与环境治理
支付的成本 C_2
（h）

企业超标排放获得的
额外的经济收益 R_e
（i）

图 7-1　情形三下参数变化对演化结果的影响

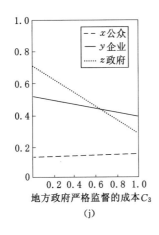

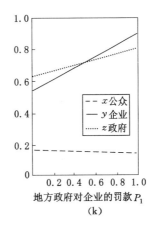

地方政府严格监督的成本 C_3
（j）

地方政府对企业的罚款 P_1
（k）

图 7-1（续）

过对单种群纯策略、混合策略均衡稳定性的分析，得到如下结论：

（1）单种群纯策略的均衡稳定性不仅与影响各个主体自身策略的因素有关，而且还会受到其他主体策略选择的影响；

（2）在三方共治的雾霾污染治理情景中，不管最初地方政府是否监管，企业是否减排达标，只要公众积极参与雾霾污染治理，那么三方主体都会全部参与到雾霾污染治理过程中，于是雾霾污染将会得到明显改善，进入良好循环状态；反之，当系统处于不良情景下，如果没有地方政府的积极引导或支持，企业或者公众都不会有参与雾霾污染治理的动力，从而系统会处于恶性循环状态，最终雾霾污染治理将陷入"公地悲剧"的状态。

（3）在三方主体以一定的概率参与雾霾污染治理的情景下，通过分析影响各主体决策参数的敏感度，我们发现，企业与地方政府在进行策略选择时，他们的行动方向是一致的，因此只要地方政府与企业组成联盟，通过对公众进行有效引导，保障公众参与雾霾污染治理的切身利益，鼓励公众行使第三方监管权力，就可以最终形成三方共治的良好状态。

本章的结论较好地解释了当前我国雾霾污染事件持续发生、形势依然不容客观的现状，主要原因在于对公众或者企业参与雾霾污染治理的行为缺少有效的监督、奖励和惩罚机制，使得各主体积极进行雾霾污染治理的收益低于不参与治理的收益，最终导致各方不积极参与的状态。基于上面分析和结论，本研究认为在雾霾污染治理中，要建立地方政府、企业、公众三方主体共治的治理模式，通过对各主体的监督、激励、惩罚等方式，相互制约，彼此合作，最终形成三方共治的良好局面。

8 结论与展望

8.1 主要研究结论

本书以中国雾霾污染空间相关性分析及协同治理为研究主题,通过理论与实证分析,运用多种方法进行研究,得出以下结论:

(1)我国的雾霾污染整体上呈现出显著的空间分异性特点

雾霾污染在地理空间上分布不均匀,总体上呈现出"东重西轻、北重南轻"的空间布局;在时间上也具有显著差异,冬季雾霾污染范围最广,夏季影响程度最小,春季和秋季居中。虽然近年来雾霾污染整体上得到有效改善,但是受时空因素影响,部分地区雾霾污染仍然非常严重,雾霾污染也从集中连片分布变成零星面状分布。由此,我们可以得知,各地政府仍面临较大的雾霾污染治理的压力,而且由于雾霾的高区域性、高流动性的特点,使得其治理难度进一步加大,必须打破区域界线,实行大范围的联防联控和跨域协同治理。

(2)中国省域雾霾污染空间相关性分析

应用探索性空间数据分析方法,创建了空间邻接矩阵、反距离矩阵、经济距离权重矩阵,对我国省际雾霾污染的空间相关性进行了统计检验,根据全局莫兰指数、局部莫兰指数、莫兰散点图的分析结果,分析探讨我国雾霾污染的空间布局、空间集聚性特点。从全局来看,不管是空间邻接矩阵(0-1矩阵)还是反距离矩阵或者是经济距离权重矩阵,雾霾污染的全局莫兰指数都通过了1%的显著性水平检验,这充分说明了我国雾霾污染存在显著的空间溢出效应。从具体数值来看,在空间邻接矩阵下,莫兰指数的取值范围在0.342—0.448之间,Geary's C指数的取值范围在之间0.419—0.538之间;在反距离矩阵下,莫兰指数的取值范围在0.096—0.178之间,Geary's C指数的取值范围在0.724—0.801之间;在经济距离权重矩阵下,指数的取值范围在0.078—0.261之间,Geary's C指数的取值范围在0.680—0.871之间。从总体趋势上来看,2000年以来,全局空间莫兰指数每一年都大于0且数值在不断增大,这充分说明了我国的雾霾污染存在显著的空间相关性,且这种相关性在不断地增大,相邻地区间的相互影响也在逐渐增强。从局部来看,通过对莫兰散点图进行分析,可以看出在不同年份不同权重下,我国80%以上的省市都处于莫兰散点图的第一、三象限,说明大多数地区都是空间正相关,只有很少比例的省份处于第二、第四象限。山西、陕西、湖南等省份会有所变动,其他绝大部分省份变动情况较少,因而这进一步说明全国各省市的雾霾浓度也存在明显的空间溢出效应,而且从长期来看,具有稳定性。因而,在雾霾治理中,要加强区域间的联防联控,积极合作,共同改善环境。

(3)中国雾霾污染空间溢出效应分析

本书采用2000—2017年中国31个省市自治区的数据,建立空间计量模型,对中国雾霾污染的影响因素进行全样本、区域异质性、时间异质性分析。子样本分析中分别按照我国东部地区、中部地区、西部地区进行区域异质性分组,按我国 2000—2012 年和 2013—2017 年进行时间异质性分组,得出相关的结论。

无论从全国还是分地区来看,空间自回归系数显著为正,充分说明我国雾霾污染水平确实存在着显著空间溢出效应。从全国来看,环境规制系数显著为负,环境规制水平越高,对雾霾污染的抑制效果越好,但环境规制的空间滞后项虽然也为负,却不显著,影响效果可以忽略,这说明环境规制的空间溢出效应没有发挥作用,地方政府加强环境规制,对周边地区的雾霾污染没有起到很好的抑制作用;从经济发展水平来看,人均 GDP 与雾霾污染之间存在显著的"U 形"关系,环境库兹涅茨曲线在我国还没有出现;第三产业比重提高,没有显著降低雾霾污染的水平;人口密度的加大,城镇化水平的提高,以加大道路长度为目标的交通基础设施的投入都会引起雾霾污染问题;对外开放水平的提高,并不一定会使得雾霾污染水平提高。

从空间溢出效应的分解效应来看,为了充分研究空间计量模型回归系数所包含的交互信息,我们将空间溢出效应分解为总效应、直接效应和间接效应,研究不同因素对雾霾污染的影响程度及方式。结果表明,受地理边界的影响,环境规制、人口密度、交通基础设施等因素对雾霾污染影响的直接效应更明显。而人均 GDP 及其平方项,及第三产业为代表的产业结构、对外贸易对雾霾污染的间接效应更为显著。城镇化对雾霾污染的直接效应为正,间接效应为负。

分时间来看,2000—2012 年期间,环境规制的影响效应较为显著,有效地抑制了雾霾污染;但 2013—2017 年期间,环境规制的影响效应不显著,但雾霾污染程度却大大降低。可能的原因在于,2013 年以来,伴随着空气污染的加剧,国家出台的一系列雾霾治理的政策不再仅仅是单纯地局限于环保资金的投入、环保污染的治理上,而是采用了更为严厉的命令型环境管制政策,比如采取了强力的行政措施直接淘汰落后的产能,关闭污染企业,短期内取得了较好的治霾效果。从长期来看,应该采取更丰富的环境规制策略,运用多种方法共同治理,加强区域间的联防联控,完善跨区域雾霾治理利益保障补偿机制,将环境规制的重心转移到对污染的监督与控制上,建立良好的反馈机制。

从区域来看,东部地区环境规制水平最高,中部地区次之,西部地区最弱,而环境规制对东部、中部地区抑制作用明显,对于西部地区呈现出不显著的正向促进作用。从环境规制效果来看,不同地区呈现出一定的差异。东中部地区人均 GDP 与雾霾污染水平之间呈现出显著的倒 U 形关系,西部地区不显著。当以第三产业比重来代表产业结构水平时,中东部地区的产业结构与雾霾污染之间呈现出不显著的正向关系,而西部地区二者表现出显著的正向关系;人口密度增加是雾霾污染的主要影响因素,只是不同地区影响程度有所差别;城市化进程和对外开放水平对三大区域影响均不显著;交通基础设施的建设会在一定程度上加重西部地区雾霾污染的程度。

(4)地方政府间雾霾污染治理跨域协同治理的博弈研究

基于雾霾污染的跨域联合治理,采用微分博弈方法,根据区域联盟内雾霾污染治理时的不同情况,提出了三种情形,分别为:区域联盟内某地雾霾污染事件的发生,仅对雾霾发生地政府的政治成本产生影响,对另一地政府没有影响;区域联盟内某地雾霾污染事件的发生,不仅对雾霾发生地政府的政治成本产生影响,对另一地政府也会带来政治成本损失;引入中央政府对地方政府的监督、考核、惩罚机制,分别建立微分博弈模型,并两两对比分析。发现各地方政府雾霾治理的努力程度都与自己支付的治理成本呈负相关关系;通过对第一种情形和第二种情形进行对比,发现第二种情形下各治霾主体的努力程度都小于第一种情形下各治霾主体的努力程度,这意味着各治霾主体在协同治霾过程中存在"搭便车"现象;通过对第二种情形和第三种情形的对比,发现第三种情形下各治霾主体的努力程度都大于第二种情形下各治霾主体的努力程度,这意味着引入监督、考核、惩罚机制后,可以提高治霾主体的积极性,提供治霾协同收益。

(5)地方政府与企业雾霾污染协同治理的演化博弈研究

基于"企业追求经济利润最大化、积极主动治理雾霾的主观能动性差、过度依赖政府力量"的现实背景,对地方政府和排污企业两个主体之间的博弈进行分析,结果发现在雾霾污染治理过程中,地方政府和排污企业两个主体的长期演化稳定策略会受到企业治理成本、协同收益之间的关系及地方政府协同收益与惩罚力度之间的关系影响。把握雾霾协同治理博弈系统的演化方向,促使排污企业在长期博弈过程中选择积极治理的策略需要考虑排污企业的治理成本、地方政府的惩罚力度和两个主体之间的协同收益等因素。

(6)地方政府、企业及公众雾霾污染协同治理的演化博弈研究

通过对雾霾污染治理中地方政府、企业和公众三方主体,基于有限理性而采取的不同策略和行动,构建三方主体共治的博弈模型,分析了不同主体在长期反复的博弈中不断调整的策略,最终形成(公众积极参与、企业减排达标、地方政府严格监督)的理想策略。通过对单种群纯策略、混合策略均衡稳定性的分析,得出以下结论:单种群纯策略的均衡稳定性不仅与影响各个主体自身策略的因素有关,而且还会受到其他主体策略选择的影响;在三方共治的雾霾污染治理情景中,不管最初地方政府是否监管,企业是否减排达标,只要公众愿意积极参与治理行动,此时三方主体将全部参与到雾霾污染治理行动中,进而雾霾污染治理将会得到显著改善,进入稳定和良性循环状态;反之,当系统处于不良情景下,如果没有地方政府的积极引导或支持,企业或者公众都不会有参与雾霾污染治理的动力,从而系统会处于恶性循环状态,最终雾霾污染治理将陷入"公地悲剧"的状态。在三方主体以一定的概率参与雾霾污染治理的情景下,通过分析影响各主体决策参数的敏感度,我们发现企业与地方政府在进行策略选择时,他们的行动方向具有一致性,因此只要地方政府与企业联合起来,通过对公众进行有效引导,保障公众参与雾霾污染治理的切身利益,鼓励公众行使第三方监管权力,就可以最终形成三方共治的良好状态。

8.2　政策建议

基于上述研究结论,为有效提升雾霾污染协同治理水平,本书从以下几个方面提出政策建议:

(1)构建横向跨域协同与纵向跨域协同相结合的网格化治理模式

雾霾污染治理是一项系统工程,治理过程中涉及多地区、多主体利益,要明确各主体的权利、责任与义务,科学组织协调各主体的活动,才能实现雾霾污染治理高效协同。当国家对于区域联盟内治霾主体的权责规定不明确时,会使得地方政府陷入跨域合作或者不合作的两难抉择的境地,因此雾霾污染治理必须加强横向跨域联防联控机制的建立,不同地区政

府要对区域联盟内有效治霾目标达成一致认识,打破行政区域的边界,制定统一的防霾、治霾规划和实施方案,最终达成有效治霾减霾的目标。而对于同一地区内部,为协调多元主体利益冲突,更多的是要明晰政府、企业、公众各自职责,充分发挥地方政府治霾主导作用,严格落实企业雾霾污染治理的主体责任,提高公众治霾工作的积极性。通过构建横向跨域协同治理与纵向跨域协同治理相结合的网格化治理模式,提高协同治理水平。

（2）分区域制定差别化的环境规制政策,加强环境规制在雾霾污染治理中的作用

实证研究结果表明,不同区域政府环境规制水平对雾霾污染的影响作用不同,因此,政府要根据地区差异,因地制宜地制定差异化的环境规制政策。对于东部地区,环境规制水平相对较高,因此,要在现有较为完善的规制措施基础上,找准降低雾霾浓度的精准措施,建立长效机制,发挥其示范作用;中部地区继续发挥环境规制的积极效应,制定更为严格的措施,防止其成为邻近地区高污染产业的"污染避难所";西部地区要兼顾经济发展的需要,循序渐进地提高环境规制强度,加大对排污企业的环保投入和绿色补贴,帮助企业降低治污成本,引导其向绿色生产转型。从长期来看,应该采取更丰富的环境规制策略,提高企业绿色生产的积极性,积极引导公众参与环保监督工作,完善雾霾治理过程中不同利益主体利益保障补偿机制,将环境规制的重心转移到对污染的监督与控制上,建立良好的反馈机制。

（3）构建雾霾污染协同治理的激励机制

雾霾污染协同治理的激励机制包括监督、考核、惩罚机制。在进行跨区域雾霾协同治理时,要完善现有地方政府政绩考核机制,对地方政府实施严格执行环境政策的约束,引入监督、考核机制、惩罚机制,来约束各地方政府雾霾污染的治理行为,减少地方政府自利性;从影响地方政府合作的参数来看,提高横向政府间的信任与合作,降低合作成本,提高合作收益,使得区域联盟内所有成员都能有效执行联合治霾协议。对于区域内建立地方政府、企业、公众三方主体共治的治理模式,各主体之间通过监督、考核、惩罚等方式相互制约,构建多方共同治理的雾霾污染治理监管平台,各主体只有在完成该平台下各自的任务后才能获得上级政府或地方政府的奖励,如果没有完成,要受到相应的惩罚。比如政府在该平台内积极宣传雾霾污染治理相关的法律、法规,在充分考虑企业、公众的利益诉求后,及时公布制定的辖区内合理的生态补偿标准、排污交易标准和激励标准,充分调动辖区内各主体的雾霾污染治理的积极性;各排污企业在平台内定期发布排污情况,雾霾污染治理取得的阶段性成果,绿色技术创新的进展情况;引入公众监督机制,通过举报、上访、曝光等方式监督企业的污染排放行为,促进环境规制的严格执行。通过平台内信息共享,提高公众参与监督可能性,降低政府监督成本,同时激发排污企业积极进行绿色技术创新,提高公众参与雾霾污染治理的积极性。

8.3　研究创新

（1）系统深入地构建了中国雾霾污染协同治理机制的理论分析框架

基于雾霾污染方面相关文献的梳理和总结,结合环境库兹涅茨曲线、利益相关者理论、跨域治理理论、协同治理等理论,构建了中国雾霾污染协同治理机制的理论分析框架。在深入分析雾霾污染空间相关性特点的基础上,指出雾霾污染治理仅靠一地政府的属地管理是不可行的,必须打破原有行政区划的制度安排,重塑利益格局,有效推进地方政府间雾霾污

染合作治理,即横向跨域合作治理;同时,雾霾污染本身存在的公共性、外部性特点,其治理涉及政府、企业、社会公众等多元主体利益,因此,基于利益相关者理论,将政府、企业、社会公众作为雾霾污染治理过程中纵向合作治理的主体,制定协同规则,研究这些规则对各治霾主体的影响,即纵向协同治理。通过构建横向跨区域协同和纵向利益相关者协同相结合的网格化治理模式,从横向和纵向两个维度研究雾霾污染协同治理问题,形成了本书研究的理论框架。

(2)从空间相关系数的视角来研究中国雾霾污染的空间溢出效应

为验证中国雾霾污染的空间相关性特征,创建了空间邻接矩阵、反距离矩阵、经济距离权重矩阵,从全局和局部两个角度,对中国雾霾污染的空间分布格局、集聚效应进行更加深入地研究。在充分认识到雾霾污染存在空间关联非线性、动态演变特点的前提下,利用空间杜宾模型,对中国雾霾污染的空间溢出效应进行全样本、区域异质性、时间异质性分析,得出相关的结论。在对影响因素进行分析时,环境规制作为最重要的变量进行研究,从各国雾霾治理的经验来看,政府起着主导作用,面对雾霾污染问题,我国政府也出台了一系列政策,各地政府积极响应中央政府要求,纷纷采取了一系列措施进行环境规制,那么各地政府的环境规制对雾霾污染治理的作用到底如何,成为大家非常关注的问题,因此本书将其作为最重要的解释变量,对雾霾污染的影响因素进行研究。

(3)基于微分博弈,研究了区域间地方政府雾霾污染跨域协同治理的博弈问题

在开展雾霾污染区域间协同治理时,区域联盟内各地方政府之间会基于各自的利益考虑进行彼此博弈、相互协作而做出选择。当国家对于区域联盟内治霾主体的权责规定不明确时,会使得地方政府陷入跨域合作或者不合作的两难抉择的境地。因此,当区域间打破行政界限,建立区域间的合作时,应建立什么样的机制才能使得整个区域联盟内所有地方政府都能够积极进行协作是问题的关键。基于此,本书采用微分博弈法,从府际博弈的基本假设、雾霾污染治理的成本、协同收益、发生雾霾污染带来的政治成本出发,设置三种情景进行对比,研究区域间雾霾污染协同治理的机制问题,提出要改变博弈规则,引入考监督、考核、惩罚机制,才能有效约束地方政府的"搭便车行为",提高各个治霾主体的积极性,增加协同收益。这对于建立和完善区域联盟协作治理体系,更好地寻求区域间雾霾污染协同治理合作具有重要的借鉴意义。

(4)基于利益相关者理论,研究了雾霾污染纵向协同治理的演化博弈问题

基于"企业追求经济利润最大化、积极主动治理雾霾的主观能动性差、过度依赖政府力量"的现实背景,设置治霾成本、惩罚力度、协同收益等参数,构建地方政府和排污企业两个主体之间的演化博弈模型,研究各个主体雾霾治理策略选择的演化机理。然后,进一步将公众参与雾霾污染治理的行为纳入模型,将研究对象扩展到地方政府、企业和公众三个主体,构建三方主体共治的内生机制,并用数值算例仿真不同政策情境下各博弈方的演化行为,为促进三方主体能够协同治理雾霾提供理论依据。

8.4 不足与未来展望

本书的研究在一定程度上丰富了雾霾污染的研究领域,但由于多种因素的限制,本书的研究仍然存在不足之处,在今后的研究中将予以完善,具体如下:

（1）鉴于数据的可获得性，本书基于省际层面的数据对我国雾霾污染的时空分布特征和空间溢出效应进行了研究，而省际层面的数据较为宏观，随着国家对雾霾污染问题越来越重视，对雾霾污染的监测范围已经开始覆盖全国，在下一步的研究中，要进一步加大样本量，更多地关注地级市层面的雾霾污染问题，这样得出的结论对现实的指导意义可能会更大。同时，本书研究中对雾霾污染的季节性特征的研究的

较为宽泛，今后可以对不同季节雾霾污染的空间相关性问题展开研究。

（2）雾霾污染的影响因素很多，本书主要从环境规制、经济发展水平、产业结构、人口、交通基础设施、城镇化、对外开放水平等经济社会因素来构建空间面板模型，研究其对我国雾霾污染的影响程度，而没有将自然因素考虑在内。在未来的研究中，要将气候、风向等更多的指标考虑在内，在控制一种或几种变量的前提下，深入挖掘雾霾污染的影响因素。另外，雾霾污染治理时，政府采取的环境规制可分为命令型环境规制手段、市场激励型、消费引导型三种类型，不同类型的环境规制工具对雾霾污染治理影响的效果不同，在后续研究中对此问题将会区分不同类型进行更加深入的研究。

（3）本书对雾霾污染协同治理的研究主要基于治霾主体的利益冲突，采用博弈论的方法进行研究，分析影响各主体雾霾协同治理决策选择的因素。在模型构建方面，做出了较为理想的假设，在今后的研究中，可以通过访谈、问卷调查等方式对政府、企业、公众进行实地调研，收集更多的数据，对当前雾霾污染协同治理水平、影响协同治理的关键因素进行更深层次挖掘，放松假设条件，通过实证研究与定性、定量相结合的方式进行更详实的研究，使得研究结论更具有现实意义。

参 考 文 献

[1] GAO J, WANG T, ZHOU X H, et al. Measurement of aerosol number size distributions in the Yangtze River Delta in China: formation and growth of particles under polluted conditions[J]. Atmospheric Environment, 2009, 43(4): 829-836.

[2] TANG D, XU H, YANG Y. Mutual Influence of Energy Consumpiton and Foreign Direct Investment on Haze Pollution in China: A Spatial Econometric Approach[J]. Polish Journal of Environmental Studies, 2018, 27(4): 1743-1752.

[3] ZHANG L, GUO X, ZHAO T, et al. A Modelling Study of the Terrain Effects on Haze Pollution in the Sichuan Basin[J]. Atmospheric Environment, 2019, 196: 77-85.

[4] CHEN X Y, SHAO S, TIAN Z H, et al. Impacts of air pollution and its spatial spillover effect on public health based on China's big data sample[J]. Journal of Cleaner Production, 2017, 142: 915-925.

[5] LIU D Y, YAN W L, KANG Z M, et al. Boundary-layer features and regional transport process of an extreme haze pollution event in Nanjing, China[J]. Atmospheric Pollution Research, 2018, 9(6): 1088-1099.

[6] 白新宇. 协同治理视角下省域雾霾治理问题研究: 以吉林省为例[D]. 长春: 吉林大学, 2017.

[7] 侯建, 董雨, 陈建成. 雾霾污染、环境规制与区域高质量发展[J]. 环境经济研究, 2020, 5(3): 37-55.

[8] 薛文博, 付飞, 王金南, 等. 中国 $PM_{2.5}$ 跨区域传输特征数值模拟研究[J]. 中国环境科学, 2014, 34(6): 1361-1368.

[9] 周倩倩. 雾霾跨域治理的行为博弈与多元协同机制研究[D]. 南京: 南京信息工程大学, 2016.

[10] 周峤. 雾霾损失和协同防治政策研究[D]. 合肥: 中国科学技术大学, 2017.

[11] CAI D P, HE Y M. Daily lifestyles in the fog and haze weather[J]. J Thorac Dis, 2016, 8(1): 127-136..

[12] FU H B, CHEN J M. Formation, features and controlling strategies of severe haze-fog pollutions in China[J]. Science of the Total Environment, 2017, 578: 121-138.

[13] 赵建平, 姚天雨, 王明虎, 等. 中国雾霾天气成因及防治对策的系统思考[J]. 系统科学学报, 2018, 26(3): 102-107.

[14] HE J J, GONG S L, ZHOU C H, et al. Analyses of winter circulation types and their impacts on haze pollution in Beijing[J]. Atmospheric Environment, 2018, 192:

94-103.

[15] 杨慧茹,岳畅,王东麟,等.胶东半岛城市空气质量及其与气象要素的关系[J].环境科学与技术,2014,37(S1):62-66.

[16] MA L,LI M,ZHANG H F,et al. Comparative analysis of chemical composition and sources of aerosol particles in urban Beijing during clear,hazy,and dusty days using single particle aerosol mass spectrometry[J]. Journal of Cleaner Production,2016,112:1319-1329.

[17] ZHANG F,CHENG H R,WANG Z W,et al. Fine particles (PM$_{2.5}$) at a CAWNET background site in Central China:chemical compositions,seasonal variations and regional pollution events[J]. Atmospheric Environment,2014,86:193-202.

[18] ZHENG G,DUAN F,MA Y,et al. Episode-based evolution pattern analysis of haze pollution:method development and results from Beijing,China[J]. Environ Sci Technol,2016,50(9):4632-4641.

[19] PATERAKI S,ASIMAKOPOULOS D N,FLOCAS H A,et al. The role of meteorology on different sized aerosol fractions (PM$_{10}$,PM$_{2.5}$,PM$_{2.5}$-10)[J]. Science of the Total Environment,2012,419:124-135.

[20] TAI A P K,MICKLEY L J,JACOB D J. Correlations between fine particulate matter (PM$_{2.5}$) and meteorological variables in the United States:implications for the sensitivity of PM$_{2.5}$ to climate change[J]. Atmospheric Environment,2010,44(32):3976-3984.

[21] QUEROL X,ALASTUEY A,RODRIGUEZ S,et al. Monitoring of PM$_{10}$ and PM$_{2.5}$ around primary particulate anthropogenic emission sources[J]. Atmospheric Environment,2001,35(5):845-858.

[22] YOO J M,LEE Y R,KIM D,et al. New indices for wet scavenging of air pollutants (O3,CO,NO$_2$,SO$_2$,and PM$_{10}$) by summertime rain[J]. Atmospheric Environment,2014,82:226-237.

[23] ÖZBAY B. Modeling the effects of meteorological factors on SO$_2$ and PM$_{10}$ concentrations with statistical approaches[J]. CLEAN - Soil,Air,Water,2012,40(6):571-577.

[24] 魏嘉,吕阳,付柏淋.我国雾霾成因及防控策略研究[J].环境保护科学,2014,40(5):51-56.

[25] 王雪青,巨欣,冯博.我国雾霾主要前驱物排放绩效省际差异分析[J].干旱区资源与环境,2016,30(4):190-196.

[26] DE LEEUW F A A M,MOUSSIOPOULOS N,SAHM P,et al. Urban air quality in larger conurbations in the European Union[J]. Environmental Modelling & Software,2001,16(4):399-414.

[27] LIDDLE B. Impact of population,age structure,and urbanization on carbon emissions/energy consumption:evidence from macro-level,cross-country analyses[J]. Population and Environment,2014,35(3):286-304.

[28] LI K,LIN B Q. Economic growth model,structural transformation,and green produc-

tivity in China[J]. Applied Energy,2017,187:489-500.

[29] 冷艳丽,杜思正.产业结构、城市化与雾霾污染[J].中国科技论坛,2015(9):49-55.

[30] 回莹,戴宏伟.河北省产业结构对雾霾天气影响的实证研究[J].经济与管理,2017,31
(3):87-92.

[31] 马丽梅,张晓.区域大气污染空间效应及产业结构影响[J].中国人口·资源与环境,
2014,24(7):157-164.

[32] LEVINSON A. Technology,international trade,and pollution from US manufactur-
ing[J]. American Economic Review,2009,99(5):2177-2192.

[33] LV B L,ZHANG B,BAI Y Q. A systematic analysis of PM$_{2.5}$ in Beijing and its
sources from 2000 to 2012[J]. Atmospheric Environment,2016,124:98-108.

[34] 张年,张诚.工业固体废物处理与城市雾霾相关性的实证分析:以上海为例[J].生态经
济,2015,31(8):151-154.

[35] PARIKH J,SHUKLA V. Urbanization,energy use and greenhouse effects in econom-
ic development[J]. Global Environmental Change,1995,5(2):87-103.

[36] 马丽梅,刘生龙,张晓.能源结构、交通模式与雾霾污染:基于空间计量模型的研究[J].
财贸经济,2016,37(1):147-160.

[37] 魏巍贤,马喜立.能源结构调整与雾霾治理的最优政策选择[J].中国人口·资源与环
境,2015,25(7):6-14.

[38] 冯国强,李菁,武卓尔,等.道路交通拥堵与城市雾霾污染的关系研究[J].中国人口·
资源与环境,2020,30(3):93-99.

[39] 邵帅,李欣,曹建华,等.中国雾霾污染治理的经济政策选择:基于空间溢出效应的视角
[J].经济研究,2016,51(9):73-88.

[40] GOODMAN J C. Edward glaeser,triumph of the city:how our greatest invention
makes us richer,smarter,greener,healthier,and happier[J]. Business Economics,
2011,46(3):185-186.

[41] HANKEY S,MARSHALL J D. Impacts of urban form on future US passenger-vehi-
cle greenhouse gas emissions[J]. Energy Policy,2010,38(9):4880-4887.

[42] 方齐云,陶守来.基于人口与城镇化视角的中国碳排放驱动因素探究[J].当代财经,
2017(3):14-25.

[43] 肖周燕.中国人口空间聚集对生产和生活污染的影响差异[J].中国人口·资源与环
境,2015,25(3):128-134.

[44] 陶长琪,彭永樟.人口集聚、绿化水平与环境污染:基于城市数据的空间异质性分析
[J].江西财经大学学报,2017(6):21-31.

[45] 李泉,马黄龙.人口集聚及外商直接投资对环境污染的影响:以中国 39 个城市为例
[J].城市问题,2017(12):56-64.

[46] 刘耀彬,冷青松.人口集聚对雾霾污染的空间溢出效应及门槛特征[J].华中师范大学
学报(自然科学版),2020,54(2):258-267.

[47] 刘耀彬,冷青松.城市化、人口集聚与雾霾变化:基于门槛回归和空间分区的视角[J].
生态经济,2020,36(3):92-98.

[48] KAVOURAS I G,KOUTRAKIS P,CERECEDA-BALIC F,et al. Source apportionment of PM$_{10}$ and PM25 in five Chilean cities using factor analysis[J]. Journal of the Air & Waste Management Association,2001,51(3):451-464.

[49] POLLICE A,JONA LASINIO G. A multivariate approach to the analysis of air quality in a high environmental risk area[J]. Environmetrics,2010,21(7/8):741-754.

[50] 回莹.产业结构、城镇化对京津冀雾霾的空间效应研究[D].北京:中央财经大学,2018.

[51] 刘晓红,江可申.我国城镇化、产业结构与雾霾动态关系研究:基于省际面板数据的实证检验[J].生态经济,2016,32(6):19-25.

[52] 冯晓莉,李超.西安产业结构与雾霾的灰色关联分析[J].北方经贸,2017(1):70-73.

[53] 东童童,李欣,刘乃全.空间视角下工业集聚对雾霾污染的影响:理论与经验研究[J].经济管理,2015,37(9):29-41.

[54] 刘晓红,江可申.能源强度、交通压力与雾霾污染:基于静态与动态空间面板模型的实证[J].系统管理学报,2019,28(6):1161-1168.

[55] 周嵘.雾霾天气的成因[J].中国人口·资源与环境,2015,25(S1):211-212.

[56] 董群,赵普生,王迎春,等.北京山谷风环流特征分析及其对PM$_{2.5}$浓度的影响[J].环境科学,2017,38(6):2218-2230.

[57] PANT P,SHUKLA A,KOHL S D,et al. Characterization of ambient PM$_{2.5}$ at a pollution hotspot in New Delhi,India and inference of sources[J]. Atmospheric Environment,2015,109:178-189.

[58] DARLINGTON T L,KAHLBAUM D F,HEUSS J M,et al. Analysis of PM$_{10}$ trends in the United States from 1988 through 1995[J]. Journal of the Air & Waste Management Association,1997,47(10):1070-1078.

[59] GIACOMINI R,GRANGER C W J. Aggregation of space-time processes[J]. Journal of Econometrics,2004,118(1/2):7-26.

[60] GRIVAS G,CHALOULAKOU A,KASSOMENOS P. An overview of the PM$_{10}$ pollution problem,in the Metropolitan Area of Athens,Greece. Assessment of controlling factors and potential impact of long range transport[J]. Science of the Total Environment,2008,389(1):165-177.

[61] 王少剑,高爽,陈静.基于GWR模型的中国城市雾霾污染影响因素的空间异质性研究[J].地理研究,2020,39(3):651-668.

[62] 肖悦,田永中,许文轩,等.近10年中国空气质量时空分布特征[J].生态环境学报,2017,26(2):243-252.

[63] 姜磊,周海峰,赖志柱,等.中国城市PM$_{2.5}$时空动态变化特征分析:2015—2017年[J].环境科学学报,2018,38(10):3816-3825.

[64] 王依樊.京津冀雾霾影响因素的空间相关和异质性分析[D].北京:首都经济贸易大学,2017.

[65] 周磊,武建军,贾瑞静,等.京津冀PM$_{2.5}$时空分布特征及其污染风险因素[J].环境科学研究,2016,29(4):483-493.

[66] 马晓倩,刘征,赵旭阳,等.京津冀雾霾时空分布特征及其相关性研究[J].地域研究与

开发,2016,35(2):134-138.

[67] 皮建才,赵润之.京津冀协同发展中的环境治理:单边治理与共同治理的比较[J].经济评论,2017(5):40-50.

[68] 戴昭鑫,张云芝,胡云锋,等.基于地面监测数据的2013—2015年长三角地区$PM_{2.5}$时空特征[J].长江流域资源与环境,2016,25(5):813-821.

[69] 徐伟嘉,何芳芳,李红霞,等.珠三角区域$PM_{2.5}$时空变异特征[J].环境科学研究,2014,27(9):951-957.

[70] 王珊,修天阳,孙扬,等.1960—2012年西安地区雾霾日数与气象因素变化规律分析[J].环境科学学报,2014,34(1):19-26.

[71] 袭祝香,张硕,高晓荻,等.吉林省雾霾和雾霾事件的时空特征及评估方法[J].干旱气象,2015,33(2):244-248.

[72] GILLESPIE J,MASEY N,HEAL M R,et al. Estimation of spatial patterns of urban air pollution over a 4-week period from repeated 5-Min measurements[J]. Atmospheric Environment,2017,150:295-302.

[73] YU C H,FAN Z H,LIOY P J,et al. A novel mobile monitoring approach to characterize spatial and temporal variation in traffic-related air pollutants in an urban community[J]. Atmospheric Environment,2016,141:161-173.

[74] 李玉玲.雾霾污染的空间溢出效应及影响因素研究[D].上海:上海师范大学,2019.

[75] 詹婉玲.我国雾霾污染的时空分布特征及其影响因素研究[D].合肥:中国科学技术大学,2017.

[76] 邹玉琳.江苏大气污染的影响因素研究[D].南京:东南大学,2017.

[77] 郭梦萦.天津市$PM_{2.5}$的统计分析[D].天津:南开大学,2015.

[78] 熊玉霞.广州市大气污染特征及其对人群健康的影响[D].南宁:广西医科大学,2016.

[79] HOSSEINI H M,KANEKO S. Can environmental quality spread through institutions? [J]. Energy Policy,2013,56:312-321.

[80] 夏晓圣,汪军红,宋伟东,等.2000—2019年中国$PM_{2.5}$时空演化特征[J].环境科学,2020,41(11):4832-4843.

[81] CHEN J D,XU C,LI K,et al. A gravity model and exploratory spatial data analysis of prefecture-scale pollutant and CO_2 emissions in China[J]. Ecological Indicators,2018,90:554-563.

[82] BAO J,YANG X,ZHAO Z,et al. The spatial-temporal characteristics of air pollution in China from 2001-2014[J]. Int J Environ Res Public Health,2015,12(12):15875-15887.

[83] LI H,SONG Y,ZHANG M. Study on the gravity center evolution of air pollution in Yangtze River Delta of China[J]. Natural Hazards,2018,90(3):1447-1459.

[84] 周亮,周成虎,杨帆,等.2000—2011年中国$PM_{2.5}$时空演化特征及驱动因素解析[J].地理学报,2017,72(11):2079-2092.

[85] ANSELIN L. Spatial effects in econometric practice in environmental and resource economics[J]. American Journal of Agricultural Economics,2001,83(3):705-710.

[86] POON J P H,CASAS I,HE C F. The impact of energy,transport,and trade on air pollution in China[J]. Eurasian Geography and Economics,2006,47(5):568-584.

[87] 郭丰.中国雾霾污染的空间溢出效应与影响因素研究[D].重庆:重庆工商大学,2019.

[88] 唐登莉,李力,洪雪飞.能源消费对中国雾霾污染的空间溢出效应:基于静态与动态空间面板数据模型的实证研究[J].系统工程理论与实践,2017,37(7):1697-1708.

[89] 潘慧峰,王鑫,张书宇.雾霾污染的持续性及空间溢出效应分析:来自京津冀地区的证据[J].中国软科学,2015(12):134-143.

[90] 向堃,宋德勇.中国省域 $PM_{2.5}$ 污染的空间实证研究[J].中国人口·资源与环境,2015,25(9):153-159.

[91] BORGATTI S P,MEHRA A,BRASS D J,et al. Network analysis in the social sciences[J].Science,2009,323(5916):892-895.

[92] 逯苗苗,孙涛.我国雾霾污染空间关联性及其驱动因素分析:基于社会网络分析方法[J].宏观质量研究,2017,5(4):66-75.

[93] 刘华军,雷名雨.中国雾霾污染区域协同治理困境及其破解思路[J].中国人口·资源与环境,2018,28(10):88-95.

[94] XU GANG,JIAO LIMIN, ZHAO SULI. et al. Examining the impacts of Land Use on Air Quality from a Spatial-temporal perspective in Wuhan, China[J]. Atmosphere, 2016,7(62):1-18.

[95] HU J L,WANG Y G,YING Q,et al. Spatial and temporal variability of $PM_{2.5}$ and PM_{10} over the North China Plain and the Yangtze River Delta,China[J]. Atmospheric Environment,2014,95:598-609.

[96] 史凯,刘春琼,吴生虎.基于DCCA方法的成都市市区与周边城镇大气污染长程相关性分析[J].长江流域资源与环境,2014,23(11):1633-1640.

[97] 闫华荣,王慧娟,段妍.国外空气治理立法对京津冀雾霾治理的经验借鉴[J].邢台学院学报,2018,33(4):106-108.

[98] 孙艳丽,韩昊男,董文天,等.国外雾霾治理方式借鉴及我国城市雾霾治理研究:以沈阳市为例[J].辽宁经济,2017(2):55-57.

[99] 王红梅,谢永乐.基于政策工具视角的美英日大气污染治理模式比较与启示[J].中国行政管理,2019(10):142-148.

[100] 孟露露,单春艳,李洋阳,等.美国 $PM_{2.5}$ 未达标区控制对策及对中国的启示[J].南开大学学报(自然科学版),2016,49(1):54-61.

[101] HOWLETT MICHAEL,M RAMESH. STUDYING. Public Policy:Policy Cycles and Policy Subsystems[M]. Oxford.:Oxford University Press,1995

[102] 崔艳红.欧美国家治理大气污染的经验以及对我国生态文明建设的启示[J].国际论坛,2015,17(5):13-18.

[103] 林艳,周景坤.美国雾霾防治技术创新政策经验借鉴及启示[J].资源开发与市场,2018,34(4):520-525.

[104] SILVA E C D,ZHU X. Global trading of carbon dioxide permits withnoncompliant polluters[J]. International Tax and Public Finance,2008,15(4):430-459.

[105] 袁芳.日本的大气雾霾治理及其启示:对我国经济的历史省察[J].赤峰学院学报(自然科学版),2015,31(5):14-16.

[106] 陈平.日本空气环境保护法律法规探讨[J].环境与可持续发展,2013,38(3):66-71.

[107] 孙方舟.日本治理大气雾霾的经验及借鉴[J].黑龙江金融,2017(9):56-58.

[108] JOHN VON NEUMAN, OSKARL MORGENSTERN. Theory of Game and Economic Behavior[M]. Princeton :Princeton University Press,1944.

[109] SMITH J M,PRICE G R. The logic of animal conflict[J]. Nature,1973,246(5427):15-18.

[110] HARDIN,G. The Tragedy of the Commons[J]. Science,1968,162:1243-1248.

[111] HACKET J T. The economics of welfare[J]. Business Horizons,1972,15(6):17-22.

[112] KARL-GORAN MALER. The Acid Rain Game[J]. Studies in Environmental Science. 1989,12:231-252.

[113] HALKOS G E. Optimal abatement of sulphur emissions in Europe[J]. Environmental and Resource Economics,1994,4(2):127-150.

[114] HALKOS G E. Sulphur abatement policy:implications of cost differentials[J]. Energy Policy,1993,21(10):1035-1043.

[115] HALKOS G E. Incomplete information in the acid rain game[J]. Empirica,1996,23(2):129-148.

[116] KRAWCZYK J B. Coupled constraint Nash equilibria in environmental games[J]. Resource and Energy Economics,2005,27(2):157-181.

[117] PETROSJAN L,ZACCOUR G. Time-consistent Shapley value allocation of pollution cost reduction[J]. Journal of Economic Dynamics and Control,2003,27(3):381-398.

[118] 崔焕影,窦祥胜,朱琳.基于合作博弈的国际环境合作模型及其应用[J].系统工程,2017,35(8):67-75.

[119] 杜焱强,苏时鹏,孙小霞.农村水环境治理的非合作博弈均衡分析[J].资源开发与市场,2015,31(3):321-326.

[120] 李占一.合作博弈视角下的国际环境治理合作:以莱茵河为例[J].系统工程,2015,33(5):142-146.

[121] YANASE A. Global environment and dynamic games of environmental policy in an international duopoly[J]. Journal of Economics,2009,97(2):121-140.

[122] YEUNG D W K. Dynamically consistent cooperative solution inaDifferential game of transboundary industrial pollution[J]. Journal of Optimization Theory and Applications,2007,134(1):143-160.

[123] YEUNG D. A differential game of industrial pollution management[J]. Annals of Operations Research,1992,37(1):297-311.

[124] YEUNG D W K,PETROSYAN L A. A cooperative stochastic differential game of transboundary industrial pollution[J]. Automatica,2008,44(6):1532-1544.

[125] 杨仕辉,魏守道,胥然,等.气候政策的经济环境效应分析与比较—基于碳税、许可交

易和总量控制的动态微分博弈[J].数学的实践与认识,2014,44(22):35-46.

[126] 曹国华,蒋丹璐,唐蓉君.流域生态补偿中地方政府动态最优决策:微分对策的应用[J].系统工程,2011,29(11):63-70.

[127] ESTALAKI S M, ABED-ELMDOUST A, KERACHIAN R. Developing environmental penalty functions for river water quality management:application of evolutionary game theory[J]. Environmental Earth Sciences,2015,73(8):4201-4213.

[128] CAI L R,CAI W H,XIONG Z,et al. Research on multi-players evolutionary game of environmental pollution in system dynamics model[J]. Journal of Computational and Theoretical Nanoscience,2016,13(3):1979-1984.

[129] MA L,ZHANG L. Evolutionary game analysis of construction waste recycling management in China[J]. Resources,Conservation and Recycling,2020,161:104863.

[130] FAIRCHILD R J. The manufacturing sector's environmental motives:a game-theoretic analysis[J]. Journal of Business Ethics,2008,79(3):333-344.

[131] 李俊杰,张红.地方政府间治理空气污染行为的演化博弈与仿真研究[J].运筹与管理,2019,28(8):27-34.

[132] 初钊鹏,卞晨,刘昌新,等.雾霾污染、规制治理与公众参与的演化仿真研究[J].中国人口·资源与环境,2019,29(7):101-111.

[133] 游达明,邓亚玲,夏赛莲.基于竞争视角下央地政府环境规制行为策略研究[J].中国人口·资源与环境,2018,28(11):120-129.

[134] 姜珂,游达明.基于央地分权视角的环境规制策略演化博弈分析[J].中国人口·资源与环境,2016,26(9):139-148.

[135] 徐松鹤.公众参与下地方政府与企业环境行为的演化博弈分析[J].系统科学学报,2018,26(4):68-72.

[136] 曲卫华,颜志军.企业、政府与公众公共健康提升激励机制演化分析[J].智能系统学报,2017,12(2):237-249.

[137] 柳歆,孟卫东.公众参与下中央与地方政府环保行为演化博弈研究[J].运筹与管理,2019,28(8):19-26.

[138] 曹霞,张路蓬.环境规制下企业绿色技术创新的演化博弈分析:基于利益相关者视角[J].系统工程,2017,35(2):103-108.

[139] 李昊.雾霾污染时空演变分析与异质性政府协同治霾博弈研究[D].徐州:中国矿业大学,2019.

[140] 王红梅,谢永乐,孙静.不同情境下京津冀大气污染治理的"行动"博弈与协同因素研究[J].中国人口·资源与环境,2019,29(8):20-30.

[141] 刘西忠.跨区域城市发展的协调与治理机制[J].南京社会科学,2014(5):70-76.

[142] 陶希东.跨界治理:中国社会公共治理的战略选择[J].学术月刊,2011,43(8):22-29.

[143] 申剑敏,朱春奎.跨域治理的概念谱系与研究模型[J].北京行政学院学报,2015(4):38-43.

[144] 张成福,李昊城,边晓慧.跨域治理:模式、机制与困境[J].中国行政管理,2012(3):102-109.

[145] 林水波,李长晏.跨域治理[M].台北:五南图书出版股份有限公司,2005:3.

[146] OLSON M. The Logic of Collective Action:Public Goods and the Theory of Groups[M]. Cambridge,MA:Harvard University Press,1971.

[147] WADE R. The management of common property resources:collective action as an alternative to privatisation or state regulation[J]. Cambridge Journal of Economics, 1987,11(2):95-106.

[148] O'TOOLE L J. Research on policy implementation:assessment and prospects[J]. Journal of Public Administration Research and Theory,2000,10(2):263-288.

[149] SULLIVAN,H. SKELCBER,C. Working arross boundraries:Collaboration in public service[M]. New York:Palgrave Macmillan. 2002.

[150] TAIJUN J. From Administering Administrative Districts to Regional Public Administration:A Game Theory Analysis of the Evolution of Governmental Forms of Governance[J]. Social Sciences in China,2007,(6):53-65,205.

[151] TIMOTHY JAMES LAWRENCE. Devolution and Collaboration in the Development of Environmental Regulations[D]. Columbus:Ohio State University,2005.

[152] MAY P,WILLIAMS W. Disaster policy Implementation:Managing Program under Shared Governance [M]. NY:Plenum Press,1986.

[153] HILL M,HUPE P. Analysing policy processes as multiple governance:accountability in social policy[J]. Policy & Politics,2006,34(3):557-573.

[154] 蒂姆·佛西,谢蕾.合作型环境治理:一种新形式[J].国家行政学院报,2004(3):231-245.

[155] ERIK NIELSEN. Networked Governance:China's Changing Approach to Transboundary Environmental Management[D]. Cambridge:Massachusetts Institute of Technology,2007.

[156] BANGDIWALA S I. Graphical aids for visualizing and interpreting patterns in departures from agreement in ordinal categorical observer agreement data[J]. Journal of Biopharmaceutical Statistics,2017,27(5):773-783.

[157] 郎友兴.走向共赢的格局:中国环境治理与地方政府跨区域合作[J].中共宁波市委党校学报,2007,29(2):17-24.

[158] 胡建华,钟刚华.模式调适与机制创新:我国跨区域水污染协同治理研究[J].湖北行政学院学报,2019(1):72-79.

[159] 姜玲,乔亚丽.区域大气污染合作治理政府间责任分担机制研究:以京津冀地区为例[J].中国行政管理,2016(6):47-51.

[160] 彭玉宝.跨域治理理论在长江流域立法中的应用[J].中国环境管理干部学院学报,2019,29(3):36-40.

[161] 何炜.论跨域治理"五位一体"利益协调机制的实现[J].北华大学学报(社会科学版),2018,19(3):99-105.

[162] 梁甜甜.多元环境治理体系中政府和企业的主体定位及其功能:以利益均衡为视角[J].当代法学,2018,32(5):89-98.

[163] 范永茂,殷玉敏.跨界环境问题的合作治理模式选择:理论讨论和三个案例[J].公共管理学报,2016,13(2):63-75.

[164] 丁煌,叶汉雄.论跨域治理多元主体间伙伴关系的构建[J].南京社会科学,2013(1):63-70.

[165] 杨妍.社会主义市民社会的演进与国家治理模式的变迁:基于新中国国家与社会关系演变的分析[J].理论导刊,2020(1):88-94.

[166] 龙强军.跨界流域水污染协同治理研究[D].湘潭:湘潭大学,2018.

[167] 赵军庆.基于流域尺度的跨界水污染协同治理技术模式构建[J].水科学与工程技术,2020(6):74-78.

[168] 白永亮,党彦龙,杨树旺.长江中游城市群生态文明建设合作研究:基于鄂湘赣皖四省经济增长与环境污染差异的比较分析[J].甘肃社会科学,2014(1):199-204.

[169] 黄喆.论跨界污染治理中的生态补偿及其制度完善[J].政法学刊,2016,33(6):20-25.

[170] 张振华."宏观"集体行动理论视野下的跨界流域合作:以漳河为个案[J].南开学报(哲学社会科学版),2014(2):110-117.

[171] 朱德米.地方政府与企业环境治理合作关系的形成:以太湖流域水污染防治为例[J].上海行政学院学报,2010,11(1):56-66.

[172] CHUNG M G,DIETZ T,LIU J G. Global relationships between biodiversity and nature-based tourism in protected areas[J]. Ecosystem Services,2018,34:11-23.

[173] HAHN T, OLSSON P, FOLKE C, JOHANSSON K. Trust-building, knowledge generation and organizaitonal[J]. Human Ecology, 2006, 34(04):573-592.

[174] 陶品竹.京津冀大气污染合作治理的法治化——基于软硬并重的混合法模式[J].国家治理的现代化与软法国际研讨会议文集,2014,(7):353-361.

[175] 王颖,杨利花.跨界治理与雾霾治理转型研究:以京津冀区域为例[J].东北大学学报(社会科学版),2016,18(4):388-393.

[176] 庄贵阳,周伟铎,薄凡.京津冀雾霾协同治理的理论基础与机制创新[J].中国地质大学学报(社会科学版),2017,17(5):10-17.

[177] 彭嘉颖.跨域大气污染协同治理政策量化研究:以成渝城市群为例[D].成都:电子科技大学,2019.

[178] 薛俭,陈强强.京津冀大气污染联防联控区域细分与等级评价[J].环境污染与防治,2020,42(10):1305-1309.

[179] 周淑芬,邸卫娜,王康.区域生态环境联防联控机制研究:以雄安新区与京津冀区域为例[J].石家庄学院学报,2020,22(6):47-52.

[180] 戴亦欣,孙悦.基于制度性集体行动框架的协同机制长效性研究:以京津冀大气污染联防联控机制为例[J].公共管理与政策评论,2020,9(4):15-26.

[181] HAKEN H,郭治安,译.高等协同学[M].北京:科学出版社,1989.

[182] 詹姆斯·N·罗西瑙.张胜军,刘小林等译.没有政府的治理[M].南昌:江西人民出版社,2001.

[183] 格里·斯托克,华夏风.作为理论的治理:五个论点[J].国际社会科学杂志(中文版),

2019,36(3):23-32.

[184] COMMISSION ON, GLOBAL GOVERNANCE. Our global neighborhood: the report of the commission on global governance[M]. Oxford, Nework: Oxford University Press, 1995.

[185] 俞可平.治理与善治[M].北京:社会科学文献出版社,2000:270-271.

[186] JAMES BOHMAN, WILLIAM REHG. Deliberative Democracy and Beyond: Liberals, Critics, Contestations[J]. Journal of Politics, 2004, 66(1):317-318.

[187] 于东山.跨界公共物品供给碎片化与协同治理系统[J].系统科学学报,2021,29(3):78-83.

[188] 刘华军,彭莹.雾霾污染区域协同治理的"逐底竞争"检验[J].资源科学,2019,41(1):185-195.

[189] ISLAM M, HUI PEI Y, MANGHARAM S. Trans-boundary haze pollution in Southeast Asia:sustainability through plural environmental governance[J]. Sustainability,2016,8(5):499.

[190] QUAN Y. Analysis on Regional Cooperative Governance from the Perspective of New Regionalism[J]. Chinese Public Administration, 2012(3):30-41

[191] 宁森,孙亚梅,杨金田.国内外区域大气污染联防联控管理模式分析[J].环境与可持续发展,2012,37(5):11-18.

[192] 李建明,罗能生.1998—2015年长江中游城市群雾霾污染时空演变及协同治理分析[J].经济地理,2020,40(1):76-84.

[193] 杨传明.时空交互视角下长三角城市群雾霾污染动态关联网络及协同治理研究[J].软科学,2019,33(12):114-120.

[194] 柏明国,史竹生,何志.长江三角洲地区雾霾协同治理仿真研究[J].系统科学学报,2020,28(2):58-63.

[195] BECKER R, HENDERSON V. Effects of air quality regulations on polluting industries[J].Journal of Political Economy,2000,108(2):379-421.

[196] KELLER W, LEVINSON A. Pollution abatement costs and foreign direct investment inflows to US states[J]. Review of Economics and Statistics,2002,84(4):691-703.

[197] LIST J A. Effects of air quality regulation on the destination choice of relocating plants[J].Oxford Economic Papers,2003,55(4):657-678.

[198] 沈坤荣,金刚,方娴.环境规制引起了污染就近转移吗?[J].经济研究,2017,52(5):44-59.

[199] 陈诗一,武英涛.环保税制改革与雾霾协同治理:基于治理边际成本的视角[J].学术月刊,2018,50(10):39-57.

[200] 李珄.协同治理中的"合力困境"及其破解:以京津冀大气污染协同治理实践为例[J].行政论坛,2020,27(5):146-152.

[201] 申伟宁,夏梓莹,姚东来,等.京津冀生态环境治理的制约因素与协同机制研究[J].华北理工大学学报(社会科学版),2020,20(3):71-76.

[202] 孙乙熙.京津冀区域环境协同治理法律模式研究[D].天津:天津工业大学,2020.

[203] 李云燕,代建.京津冀大气污染协同治理利益补偿机制理论分析[J].中国环境科学学会科学技术年会论文集,2020(9):1172-1175.

[204] 乔花云,司林波,彭建交,等.京津冀生态环境协同治理模式研究:基于共生理论的视角[J].生态经济,2017,33(6):151-156.

[205] 戴其超.京津冀协同发展区域治理模式探究[D].保定:河北大学,2016.

[206] 司林波,王伟伟.跨行政区生态环境协同治理信息资源共享机制构建:以京津冀地区为例[J].燕山大学学报(哲学社会科学版),2020,21(3):96-106.

[207] 朱俊庆.大气污染区域政府间协同治理绩效评估研究:基于京津冀的实证分析[J].环境科学与管理,2020,45(1):13-18.

[208] 刘红蕊.京津冀大气污染协同治理的路径研究[D].北京:北京化工大学,2020.

[209] WANG P,DAI X G. "APEC Blue" association with emission control and meteorological conditions detected by multi-scale statistics[J]. Atmospheric Research,2016,178/179:497-505.

[210] 魏娜,孟庆国.大气污染跨域协同治理的机制考察与制度逻辑:基于京津冀的协同实践[J].中国软科学,2018(10):79-92.

[211] 胡晓宇.京津冀大气环境协同治理机制研究[D].石家庄:河北师范大学,2020.

[212] 刘勇.长三角城市群雾霾污染的空间溢出效应及影响因素研究[D].合肥:合肥工业大学,2020.

[213] 许悦.长三角居民的消费行为对雾霾影响分析及政策干预研究[D].合肥:安徽建筑大学,2020.

[214] 黎雅婷,周景坤.珠三角地区雾霾污染成因及改进对策分析[J].特区经济,2020(9):27-29.

[215] ANSELIN L,MORENO R. Properties of tests for spatial error components[J]. Regional Science and Urban Economics,2003,33(5):595-618.

[216] LESAGE J,PACE R K. Introduction to Spatial Econometrics[M]. Florida:CRC press,2009.

[217] MADDISON P. Neuromyotonia[J]. Clinical Neurophysiology, 2006, 117 (10): 2118-2127.

[218] VAN DONKELAAR A,MARTIN R V,BRAUER M,et al. Global estimates of ambient fine particulate matter concentrations from satellite-based aerosol optical depth:development and application[J]. Environ Health Perspect,2010,118(6):847-855.

[219] 傅京燕.产业特征、环境规制与大气污染排放的实证研究:以广东省制造业为例[J].中国人口·资源与环境,2009,19(2):73-77.

[220] 朱平芳,张征宇,姜国麟.FDI与环境规制:基于地方分权视角的实证研究[J].经济研究,2011,46(6):133-145.

[221] 原毅军,刘柳.环境规制与经济增长:基于经济型规制分类的研究[J].经济评论,2013(1):27-33.

[222] GROSSMAN G M,KRUEGER A B. Economic growth and the environment[J]. The Quarterly Journal of Economics,1995,110(2):353-377.

[223] KUZNETS S. Economic growth and income inequality[J]. American Economic Review, 1955,12:1-28.

[224] BIRDSALL N,WHEELER D. Trade policy and industrial pollution in Latin America:where are the pollution havens? [J]. The Journal of Environment & Development,1993,2(1):137-149.

[225] COPELAND B R. Strategic interaction among nations:negotiable and non-negotiable trade barriers[J]. The Canadian Journal of Economics,1990,23(1):84.

[226] COPELAND B R,TAYLOR M S. North-south trade and the environment[J]. The Quarterly Journal of Economics,1994,109(3):755-787.

[227] OECD. Guidelines for the application of environmental economicinstruments[M]. Beijing:China Environmental Science Press, 1994.

[228] GUTTIKUNDA S K,MOHAN D. re-fueling road transport for better air quality in India[J]. Energy Policy,2014,68:556-561.

[229] SINN H W. Public policies against global warming:a supply side approach[J]. International Tax and Public Finance,2008,15(4):360-394.

[230] 何小钢,张耀辉.中国工业碳排放影响因素与CKC重组效应:基于STIRPAT模型的分行业动态面板数据实证研究[J].中国工业经济,2012(1):26-35.

[231] 张华,魏晓平.绿色悖论抑或倒逼减排:环境规制对碳排放影响的双重效应[J].中国人口·资源与环境,2014,24(9):21-29.

[232] 徐盈之,杨英超.环境规制对我国碳减排的作用效果和路径研究:基于脉冲响应函数的分析[J].软科学,2015,29(4):63-66.

[233] 陈卓,潘敏杰.雾霾污染与地方政府环境规制竞争策略[J].财经论丛,2018(7):106-113.

[234] 张文彬,张理芃,张可云.中国环境规制强度省际竞争形态及其演变:基于两区制空间Durbin固定效应模型的分析[J].管理世界,2010(12):34-44.

[235] ROSS Z,ENGLISH P B,SCALF R,et al. Nitrogen dioxide prediction in Southern California using land use regression modeling:potential for environmental health analyses[J]. Journal of Exposure Science & Environmental Epidemiology,2006,16(2):106-114.

[236] ROSE N,COWIE C,GILLETT R,et al. Weighted road density:a simple way of assigning traffic-related air pollution exposure[J]. Atmospheric Environment,2009,43(32):5009-5014.

[237] CASSADY A.,DUTZIK T,FIGDOR E. More highways more pollution:road building and air pollution in America's Cities[J]. Environment California Research and Policy Center, 2004, 12(2):202-213.

[238] WHEELER A J,SMITH-DOIRON M,XU X H,et al. Intra-urban variability of air pollution in Windsor,Ontario—Measurement and modeling for human exposure as-

sessment[J]. Environmental Research,2008,106(1):7-16.

[239] QI W,LIU S H,ZHAO M F,et al. China's different spatial patterns of population growth based on the "Hu Line"[J]. Journal of Geographical Sciences,2016,26(11):1611-1625.

[240] 戚伟,刘盛和,赵美风."胡焕庸线"的稳定性及其两侧人口集疏模式差异[J].地理学报,2015,70(4):551-566.

[241] 吴瑞君,朱宝树.中国人口的非均衡分布与"胡焕庸线"的稳定性[J].中国人口科学,2016(1):14-24.

[242] 马腾,曹吉鸣,李冲,等.基于知识中介的项目型组织知识转移多群体演化博弈分析[J].复杂系统与复杂性科学,2016,13(3):86-96.